"十二五"职业教育国家规划教材

经全国职业教育教材审定委员会审定

通用机电设备及管理技术

主　编　王　岗

副主编　陶　慧　杨剑峰

参　编　颜一鸣　张丽华　谢云波

主　审　杜红文

机械工业出版社

CHINA MACHINE PRESS

本书是"十二五"职业教育国家规划教材,是根据教育部最新颁布的《中等职业学校机电设备安装与维修专业教学标准》,同时参考维修电工、机修钳工、电梯安装维修工、设备管理员等职业资格标准编写的。本书内容主要包括机电设备基本知识,典型机电设备的构成、工作原理、安装、调试、维护常识、常见故障现象和安全使用规范等。

　　本书注意了该领域的现状和发展,展现了该领域中的新知识、新技术、新工艺和新方法;在理论知识的深度和知识点方面力求与目前的中职教育相适应,图文并茂、深入浅出、通俗易懂;为巩固所学知识,启发学生思考问题,各项目后均设置相应"想想、练练、做做"环节。

　　为便于教学,本书配套有电子教案、助教课件等教学资源,选择本书的教师可通过 QQ(2607947860)索取,或登录 www.cmpedu.com 网站,注册、验证通过后免费下载。

　　本书可作为中等职业学校、技工院校机电类专业教材,也可供相关专业技术人员参考。

图书在版编目(CIP)数据

通用机电设备及管理技术/王岗主编. —北京:机械工业出版社,2015.9(2025.8 重印)
"十二五"职业教育国家规划教材
ISBN 978-7-111-50607-2

Ⅰ.①通… Ⅱ.①王… Ⅲ.①机电设备-设备管理-中等专业学校-教材
Ⅳ.①TM

中国版本图书馆 CIP 数据核字(2015)第 137154 号

机械工业出版社(北京市百万庄大街 22 号　邮政编码 100037)
策划编辑:高　倩　责任编辑:高　倩　王丹凤
责任校对:刘秀芝　封面设计:张　静　责任印制:张　博
北京建宏印刷有限公司印刷
2025 年 8 月第 1 版第 11 次印刷
184mm×260mm・9 印张・217 千字
标准书号:ISBN 978-7-111-50607-2
定价:25.00 元

电话服务　　　　　　　　　　网络服务
客服电话:010-88361066　　　机 工 官 网:www.cmpbook.com
　　　　　010-88379833　　　机 工 官 博:weibo.com/cmp1952
　　　　　010-68326294　　　金 书 网:www.golden-book.com
封底无防伪标均为盗版　　　　机工教育服务网:www.cmpedu.com

本书是根据教育部《关于中等职业教育专业技能课教材选题立项的函》（教职成司〔2012〕95号），由全国机械职业教育教学指导委员会和机械工业出版社联合组织编写的"十二五"职业教育国家规划教材，是根据教育部最新公布的《中等职业学校机电设备安装与维修专业教学标准》，同时参考维修电工、机修钳工、电梯安装维修工、设备管理员等职业资格标准编写的。

本书的编写指导思想是：联系实际，突出应用，机、电融合，适当引新。在内容选择、结构安排方面，力求有所创新，主要特点如下：

1. 立足通用，抓住典型

针对通用机电设备，让学生了解典型机电设备的相关知识。企业适用的典型机电设备与实践认知相结合。

2. 结构清晰，任务明确

本书模块架构包含导读、学习目标、任务要求、任务引入、任务分析、相关知识、任务实施、学习小结、想想练练做做等板块，以现行典型应用机电设备为载体，将典型生产任务转换成学习任务，通过一个个学习任务形成本课程的认知体系。

3. 注重吸收新知识、新技术

4. 注意结合企业实践

本书中设计了很多在企业生产车间或实训工厂的观察性、调研性实践活动，锻炼了学生的学习能力，也提高了学生的一线生产实践服务能力。

本书建议教学学时36学时，也可供机电技术应用专业人员参考。

本书由温岭市职业技术学校王岗担任主编，由浙江机电职业技术学院杜红文教授主审。全书共七个模块，具体分工如下：温岭市职业技术学校王岗、陶慧、张丽华编写绪论、模块一、模块三、模块七和附录，临海市中等职业技术学校谢云波编写模块二，温岭市职业技术学校颜一鸣、杨剑峰编写模块四～模块六。

本书经全国职业教育教材审定委员会审定，评审专家对本书提出了宝贵的建议，在此对他们表示衷心的感谢！编写过程中，编者参阅了国内外出版的有关教材和资料，得到了鄞州职业教育中心学校童燕波老师、台州市教研室郑筱君老师的有益指导，在此一并表示衷心感谢！

由于编者水平有限，书中不妥之处在所难免，恳请读者批评指正。

编　者

目　录

绪　　论

走进通用机电设备

在工业、农业、交通运输业、科研、国防以及人们的日常生产和生活中，都广泛使用各种通用机电设备。观察图 0-1～图 0-5 所示各种通用机电设备，了解这些通用机电设备的共性。

图 0-1　工业生产中常见的机电设备
a）发电机　b）纺织机　c）卧式车床　d）加工中心

图 0-2　农业生产中常见的机电设备
a）拖拉机　b）收割机

a)　　　　　　　　　　　　b)　　　　　　　　　　　　c)

图 0-3　交通运输中常见的机电设备

a）汽车　b）火车　c）飞机

a)　　　　　　　　　　　　b)

图 0-4　办公常见的机电设备

a）打印机　b）复印机

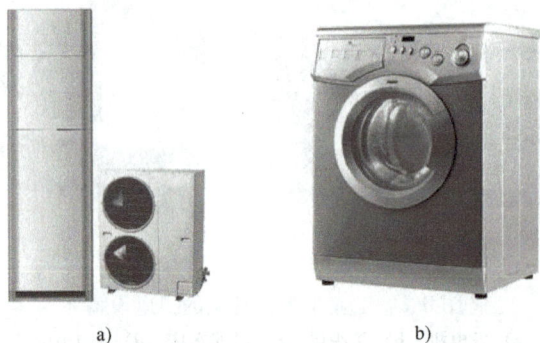

a)　　　　　　　　　　　　b)

图 0-5　日常生活中常见的机电设备

a）空调　b）洗衣机

　　通用机电设备的广泛使用对于提高企业的产品质量、劳动生产率，减轻人们的劳动强度，提高人们的生活质量，巩固国防，维护国家安全等起到了举足轻重的作用。社会发展要求通用机电设备与之同步发展，而随着机电设备的不断发展，又促进了新技术、新产业的不断出现和不断发展，同时也进一步促进了社会的不断进步和不断向前发展。

一、通用机电设备的发展历史

　　从通用机电设备的发展历史来看，通用机电设备的发展和制造业的发展是密不可分的，大体上可以分为三个发展阶段，具体见表 0-1。

表 0-1　通用机电设备的发展历史

发展阶段	时　期	典型设备	发展特征
早期的机械设备阶段	到18世纪	蒸汽机	机械设备的动力源主要是人力、畜力以及蒸汽机,其传动机构和工作机构的结构相对比较简单,对机械设备的控制主要通过人脑来完成
传统的机电设备阶段	19世纪20年代初到第二次世界大战后的30年间	电动机	传统机电设备的动力源由普通的电动机来承担,传动机构和工作机构的结构比较复杂,尤其是机电设备的控制部分已经由逻辑电路代替人脑
现代的机电设备阶段	20世纪60年代后	数控机床智能化电梯	在传统机电设备的基础上,吸收了先进科学技术,在结构和工作原理上产生了质的飞跃,它是机械技术、微电子技术、信息处理技术、控制技术、软件工程技术等多种技术相互融合的产物

二、通用机电设备的发展趋势

现代通用机电设备,如电动缝纫机、电子调速器、自动取款机、自动售票机、自动售货机、自动分拣机、自动导航装置、数控机床、自动生产线、工业机器人和智能机器人等都是应用机电一体化技术为主的设备。

现在,通用机电设备已经渗透到国民经济、社会生活的各个领域。诸如家用电器、办公自动化设备、机械制造工艺设备、汽车、石油化工设备、冶金设备、现代化武器、航天器等,几乎达到"无孔不入"的地步。并且它还迅猛地向前推进,特别是制造工业对机电设备技术提出了许多新的、更高的要求。机械制造自动化中的数控技术和机器人等都被一致认为是典型的通用机电设备,因此通过这些典型的通用机电设备可以了解到机电一体化的发展前景和趋势。如当今数控机床正不断吸收最新技术成就,朝着高可靠性、高柔性化、高精度化、高速化、人性化、多功能复合化、制造系统自动化及采用 CAD 设计技术等方向发展。归纳起来,通用机电设备的发展趋势应为:在性能上向高精度、高效率、高性能、智能化方向发展;在功能上向小型化、轻型化、多功能方向发展;在层次上向系统化、复合集成化的方向发展。通用机电设备的优势,在于它吸收了各相关学科之长,且综合利用各学科并加以整体优化。因此在通用机电设备的研究与生产应用过程中,要特别强调技术融合、学科交叉的作用。通用机电设备依赖于相关技术的发展,它的发展也促进了相关技术的发展。通用机电设备必将以崭新的姿态在 21 世纪中继续发展。

模块一

通用机电设备概述

【导　　读】

随着时代的变化，科技的进步，通用机电设备也在不断地向前发展。传统机电设备主要以应用机械技术和电气技术为主。虽然传统的机电设备也能代替大量的劳动力，但是，自动化程度低，设备的工作效率低，性能水平不能满足当代产业的发展。

为了提高机电设备的自动化程度和性能，现代机电设备随之迅猛发展，利用微电子技术，开发新的机电产品，使得机电产品或设备成为集机械技术、控制技术、计算机与信息技术等为一体的全新技术产品。

学 习 目 标

1. 能了解通用机电设备的类别。
2. 能了解通用机电设备的组成。

任务一　　了解通用机电设备的分类

【任务要求】

- 通用机电设备的分类。
- 通用机电设备的特点。
- 常用通用机电设备的应用。

【任务引入】

观察图 1-1 所示的通用机电设备，它们在结构上有什么特点？哪一台设备加工效率高？哪一台充分体现了现代通用机电技术？

【任务分析】

社会的发展要求机电设备与之同步发展，而同时从传统的机电设备发展到现代机电设

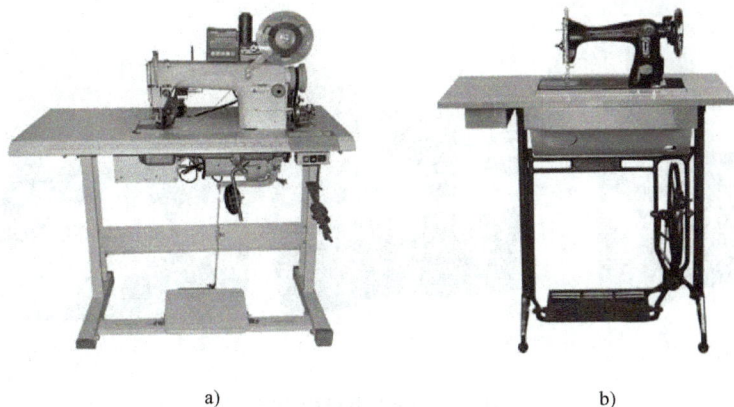

图 1-1　通用机电设备举例

a）电动缝纫机　b）缝纫机

备，随着机电设备的不断发展，又促进了各个行业向前发展，甚至催生了一批新产业，即反之又推动了社会的发展。

【相关知识】

一、通用机电设备的特点

通用机电设备根据时代的发展，可分为传统机电设备和现代机电设备，本书中所指的通用机电设备一般指现代机电设备，即通用性强，用途较广泛的机电设备。如电动缝纫机、电梯、数控机床、3D 打印机、自动取款机、火车自动售票机、饮料自动售货机等都是应用机电一体化技术为主。与传统机电设备相比，现代机电设备具有以下特点。

（1）体积小、重量轻　现代通用机电设备的技术使原有的机构机械结构大大简化，如以前的大哥大通信设备已经演变为现在的智能化手机。机械机构的简化，使设备的结构减小，重量减轻、用材减少。

（2）工作精度高　现代通用机电设备的技术使机械的传动部件减小，因而使机械磨损引起的传动误差大大减小。同时还可以通过自动控制技术对由各种干扰造成的误差进行自行诊断、校正和补偿，从而使机电设备的工作精度有很大的提高。

（3）可靠性、灵敏性提高　由于采用电子元器件装置代替了机械运动构件和零部件，因而避免了机械接触式存在的润滑、磨损和断裂等问题，使可靠性和灵敏性大幅度提高。

（4）具有柔性　例如在数控机床上，加工不同零件时，只需重新编制程序就能实现对零件的加工，它不同于传统的机床，不需要更换工具、夹具，不需要重新调整机床就能快速地从加工一种零件转变为加工另一种零件。

二、通用机电设备的分类

通用机电设备的种类繁多，可按其用途和国民经济行业分类。

1. 按国民经济行业分类

（1）产业类机电设备　如图 1-2 所示，卧式车床、数控车床、工业机器人等都属于产业类机电设备。

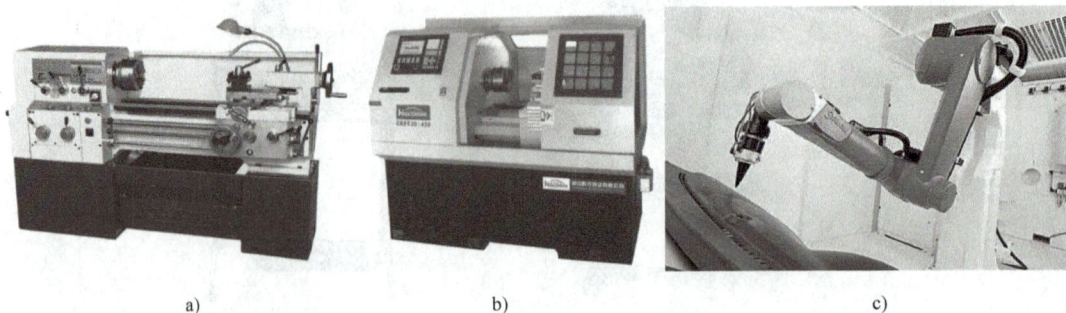

图 1-2　产业类机电设备

a）卧式车床　b）数控车床　c）工业机器人

（2）信息类机电设备　如图 1-3 所示，办公一体机、传真机等都属于信息类机电设备。

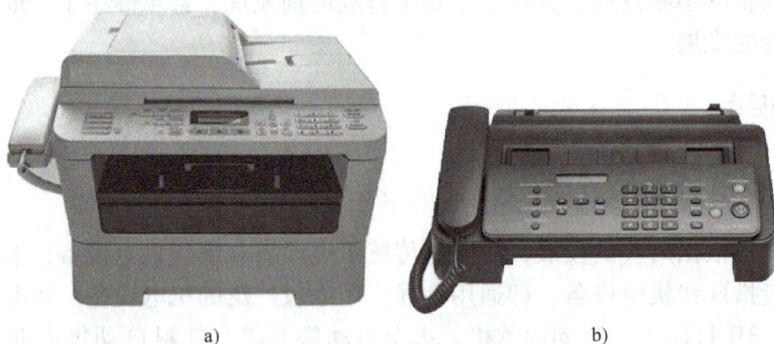

图 1-3　信息类机电设备

a）办公一体机（复印、打印、传真）　b）传真机

（3）民生类机电设备　如图 1-4 所示，电动缝纫机、洗衣机、微波炉等都属于民生类机电设备。

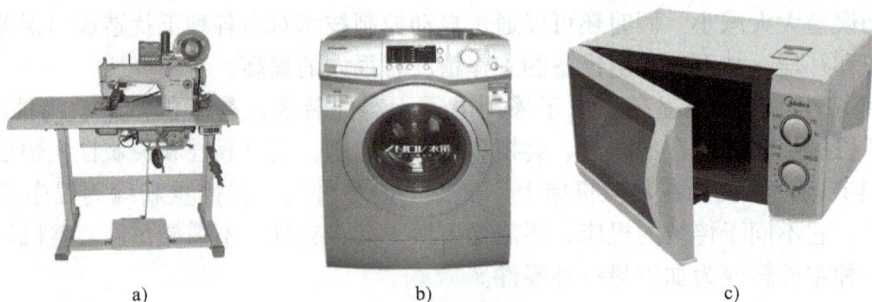

图 1-4　民生类机电设备

a）电动缝纫机　b）洗衣机　c）微波炉

2. 按用途分类

机电设备按照用途分类见表 1-1。

表 1-1　机电设备的分类

类型	设 备 举 例
通用机械类	机械制造设备(金属切削机床、锻压机械等);起重设备(如电动葫芦、各种起重机、电梯);农、林、牧、渔机械设备(如拖拉机、收割机);泵、风机、通风采暖设备;环境保护设备;木工设备;交通运输设备(如铁道车辆、汽车、船舶)等
通用电工类	电站设备;工业锅炉;工业汽轮机;电动机;电动工具;电气自动化控制装置;电炉;电焊机;电工专用设备;电工测试设备;家用电器(如电冰箱、空调、微波炉、洗衣机)等
通用、专用仪器仪表类	自动化仪表;电工仪表;专业仪器仪表(如气象仪器仪表、地震仪器仪表、教学仪器、医疗仪器);成分分析仪表;光学仪器;实验仪器及装置等
专用设备类	矿山机械;建筑机械;石油冶炼设备;电影机械设备;照相设备;食品加工机械;服装加工机械;造纸机械;纺织机械;塑料加工机械;电子、通信设备(如雷达、电话机、电话交换机、传真机、广播电视发射设备、电视、VCD、DVD);印刷机械等

(1) 通用机械类　常见的通用机械类设备如图 1-5 所示。

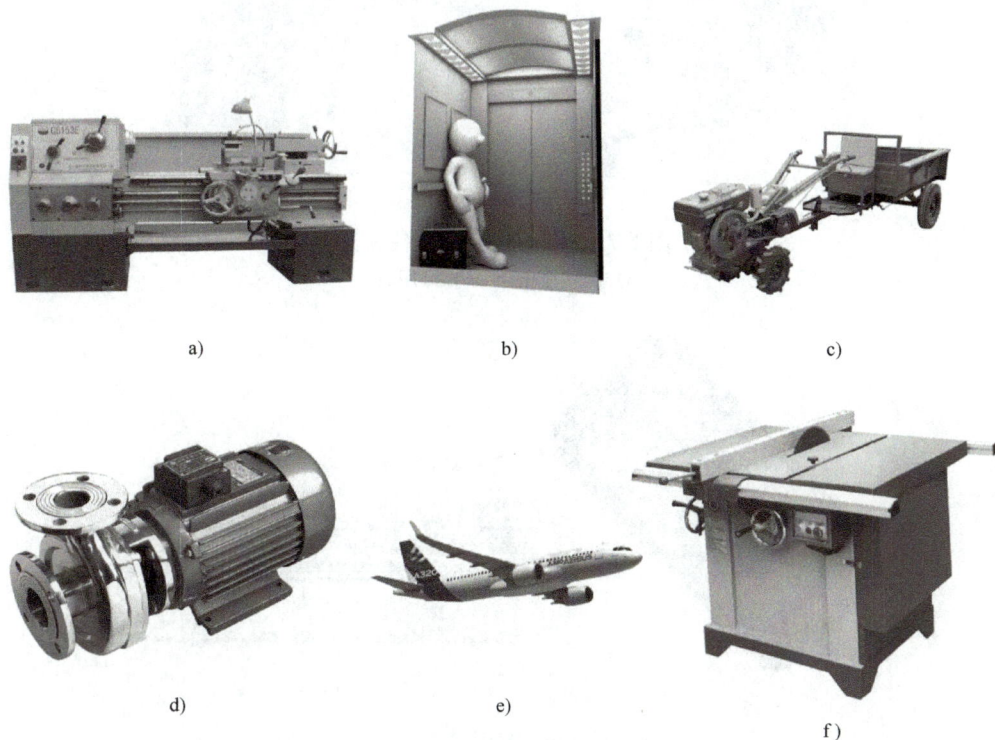

a)　　　　　　　　b)　　　　　　　　c)

d)　　　　　　　　e)　　　　　　　　f)

图 1-5　通用机械类

a) 机械制造设备　b) 起重设备　c) 农、林、牧、渔等机械设备

d) 泵、风机、通风采暖设备　e) 交通运输设备　f) 木工设备

(2) 通用电工类　常见的通用电工类设备如图 1-6 所示。

(3) 通用、专用仪器仪表类　常见的通用、专用仪器仪表类设备如图 1-7 所示。

(4) 专用设备类　常见的专用设备类如图 1-8 所示。

图1-6 通用电工类

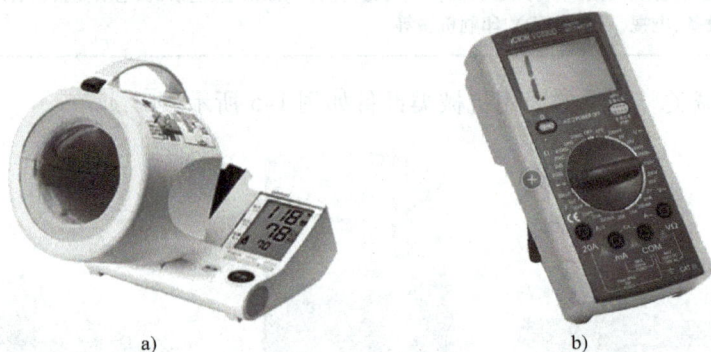

a) b)

图1-7 通用、专用仪器仪表类
a）腕式血压计 b）万用表

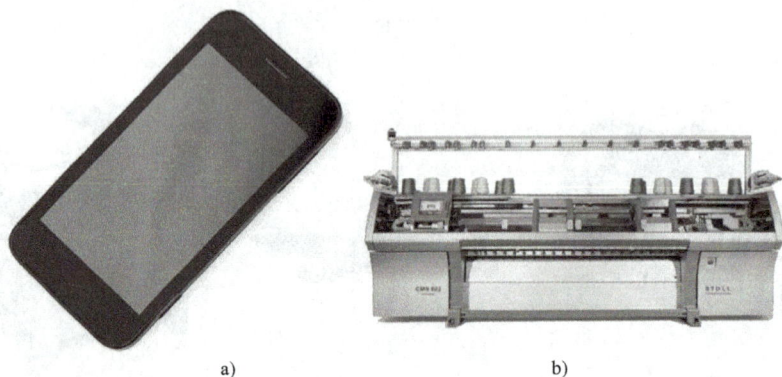

a) b)

图1-8 专用设备类
a）智能手机 b）纺织机械

三、典型通用机电设备分类举例

金属切削机床是最为典型的通用机电设备，它是用切削、特种加工等方法加工金属工件，使之获得所要求的几何形状、尺寸精度和表面质量的机器，它是机械制造和维修行业的主要设备，通常简称为机床。

在我国，按机床的性能可分为以下几种。

（1）通用机床　如图 1-9 所示，通用机床加工范围较广，在这类机床上可以加工多种零件的不同工序。

a)　　　　　　　　　　　　　b)

图 1-9　通用机床

a）卧式车床　b）卧式镗床

机床型号应完整地表示出机床的名称、主要技术参数与性能。

根据 GB/T 15375—2008《金属切削机床　型号编制方法》对机床进行命名。型号由基本部分和辅助部分组成，中间用"/"隔开。前者需要统一管理，后者纳入型号与否由生产企业自行决定。

机床型号由汉语拼音字母和阿拉伯数字按一定的规律组合而成。

例如：CA6140 型普通型卧式车床，代号的含义为：

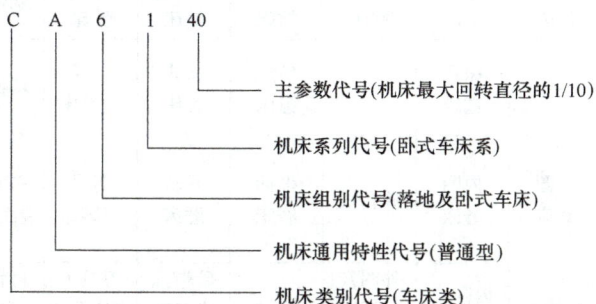

```
C  A  6  1  40
               └── 主参数代号(机床最大回转直径的1/10)
            └───── 机床系列代号(卧式车床系)
         └──────── 机床组别代号(落地及卧式车床)
      └─────────── 机床通用特性代号(普通型)
   └────────────── 机床类别代号(车床类)
```

1）通用机床的类别代号：用大写的汉语拼音字母表示。通用机床按工作原理分为 11 类，包括车床、钻床、镗床、磨床、齿轮加工机床、螺纹加工机床、铣床、刨插床、拉床、锯床和其他机床。通用机床的类及分类代号见表 1-2。

表 1-2　通用机床的类及分类代号

类别	车床	钻床	镗床	磨床			齿轮加工机床	螺纹加工机床	铣床	刨插床	拉床	锯床	其他机床
代号	C	Z	T	M	2M	3M	Y	S	X	B	L	G	Q
读音	车	钻	镗	磨	二磨	三磨	牙	丝	铣	刨	拉	割	其

2）机床特性代号：机床特性分为通用特性代号和结构特性代号。

①通用特性代号：用大写的汉语拼音字母表示，位于类别代号之后。如 CM6140 型精

密卧式车床，M 表示车床是精密型特性，写在类别代号 C 之后。通用特性代号有固定的含义，见表 1-3。

表 1-3　机床通用特性代号

通用特性	高精度	精密	自动	半自动	数控	加工中心（自动换刀）	仿形	轻型	加重型	柔性加工单元	数显	高速
代号	G	M	Z	B	K	H	F	Q	C	R	X	S
读音	高	密	自	半	控	换	仿	轻	重	柔	显	速

② 结构特性代号：结构特性代号只在同类机床中起区分机床结构、性能不同的作用。当型号中有通用特性代号时，结构特性代号排在通用特性代号之后，否则结构特性代号还直接排在类别代号之后。如 CA6140 和 C6140，前者中的 A 是结构特性代号，以区分后者的结构。

3）机床的类别组代号：每类机床划分十个组，每个组又划分十个系（系列），分别用一位阿拉伯数字表示。组代号位于类代号或机床特性代号之后，系代号位于组代号之后。机床类、组划分表见表 1-4。

表 1-4　机床类、组划分表

类别及代号 / 组代号	0	1	2	3	4	5	6	7	8	9
车床 C	仪表小型车床	单轴自动车床	多轴自动、半自动车床	回转、转塔车床	曲轴及凸轮轴车床	立式车床	落地及卧式车床	仿形及多刀车床	轮、轴、辊、锭及铲齿车床	其他车床
钻床 Z	—	坐标镗钻床	深孔钻床	摇臂钻床	台式钻床	立式钻床	卧式钻床	铣钻床	中心孔钻床	其他钻床
镗床 T	—	—	深孔镗床	—	坐标镗床	立式镗床	卧式铣镗床	精镗床	汽车拖拉机修理用镗床	其他镗床
磨床 M	仪表磨床	外圆磨床	内圆磨床	砂轮机	坐标磨床	导轨磨床	刀具刃磨床	平面及端面磨床	曲轴、凸轮轴、花键轴及轧辊磨床	工具磨床
磨床 2M	—	超精机	内圆珩磨机	外圆及其他珩磨机	抛光机	砂带抛光及磨削机床	刀具刃磨床及研磨机床	可转位刀片磨削机床	研磨机	其他磨床
磨床 3M	—	球轴承套圈沟磨床	滚子轴承套圈滚道磨床	轴承套圈超精机	—	叶片磨削机床	滚子加工机床	钢球加工机床	气门、活塞及活塞环磨削机床	汽车、拖拉机修磨机床
齿轮加工机床 Y	仪表齿轮加工机	—	锥齿轮加工机	滚齿及铣齿机	剃齿及珩齿机	插齿机	花键轴铣床	齿轮磨削机	其他齿轮加工机	齿轮倒角及检查机
螺纹加工机床 S	—	—	—	套丝机	攻丝机	—	螺纹铣床	螺纹磨床	螺纹车床	—
铣床 X	仪表铣床	悬臂及滑枕铣床	龙门铣床	平面铣床	仿形铣床	立式升降台铣床	卧式升降台铣床	床身铣床	工具铣床	其他铣床

（续）

组代号 类别及代号	0	1	2	3	4	5	6	7	8	9
刨插床 B	—	悬臂 刨床	龙门 刨床	—	—	插床	牛头 刨床	—	边缘及 模具刨床	其他刨床
拉床 L	—	—	侧拉床	卧式外 拉床	连续 拉床	立式 内拉床	卧式 内拉床	立式 外拉床	键槽、轴 瓦及螺 纹拉床	其他 拉床
锯床 G	—	—	砂轮片 锯床	—	卧式 带锯床	立式 带锯床	圆锯床	弓锯床	锉锯床	
其他 机床 Q	其他仪 表机床	管子加 工机床	木螺钉 加工机	—	刻线机	切断机	多功能 机床			

4）机床的主参数代号：机床主参数在机床型号中用折算值表示，位于组、系代号之后。机床的主参数折算值见表 1-5。

表 1-5　机床的主参数折算值

机床名称	主参数名称	主要数折算系数	机床名称	主参数名称	主要数折算系数
卧式车床	床身上最大回转直径	1/10	立式升降台铣床	工作台面宽度	1/10
摇臂钻床	最大钻孔直径	1	卧式升降台铣床	工作台面宽度	1/10
坐标镗床	工作台面宽度	1/10	龙门刨床	最大刨削宽度	1/100
外圆磨床	最大磨削直径	1/10	牛头刨床	最大刨削长度	1/10

5）机床的重大改进顺序号。当机床的性能及结构有重大改进时，按其设计改进的次序，用汉语拼音字母 A、B、C 等（但"I"、"O"两个字母不得选用）表示，写在机床型号的末尾。如 M1432B 中"B"表示第二次重大改进后的万能外圆磨床，最大磨削直径为 320mm。

（2）专用机床　如图 1-10 所示，专用机床是用于加工某一种（或几种）零件的特定工序的机床，如组合机床、高精度制动盘的专用机床等。

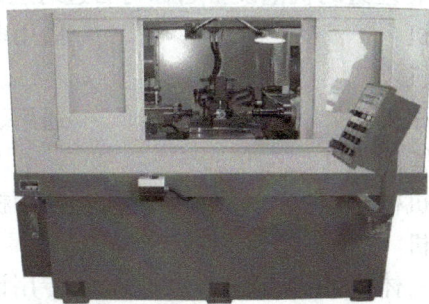

a)　　　　　　　　　　　　　　　　　　b)

图 1-10　专用机床

a）高精度制动盘专用机床　b）组合机床

【任务实施】

1. 观察身边的通用机电设备

根据已学知识，罗列出身边的通用机电设备，并将通用机电设备进行分类。

2. 观察学校实训中心的通用机床的铭牌

在企业生产车间或实训工场，经专业人员指导，查看通用机床的铭牌，并对铭牌上的内容根据已学知识进行解释。

【学习小结】

本任务主要介绍了通用机电设备的分类和特点，能对通用机电设备的类型进行判断，并能识别典型金属切削机床，且能识读其铭牌。

【想想 练练 做做】

1. 连连看。

（1）将下面机床名称与拼音字母及读音连接起来。

类别	代号	读音
车床	X	拉
钻床	Y	车
镗床	B	牙
刨插床	C	割
齿轮加工机床	S	钻
螺纹加工机床	G	镗
铣床	T	磨
磨床	Z	丝
拉床	L	铣
锯床	M	刨

（2）将左边的机电设备名称与右边对应的机电设备的类型连接起来。

拖拉机	通用电工类
洗衣机	
数码相机	通用、专用仪器仪表类
苹果智能手机	
印刷机械	通用机械类
电动机	
电脑一体机	专用设备类

2. 说出学校的实训中心有哪些机床？如何识别它们的型号？

3. 认一认，认识这张机床的铭牌（图1-11）吗？上面交待了哪些信息？

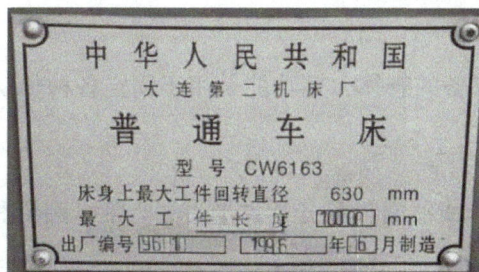

图1-11　机床铭牌

任务二　了解通用机电设备的组成

【任务要求】

• 了解通用机电设备的各组成部分。

【任务引入】

观察图1-12所示的三款通信设备，从功能上来说，有什么区别？从外观上来说，有什么变化？从时代变迁来说，有什么变化？

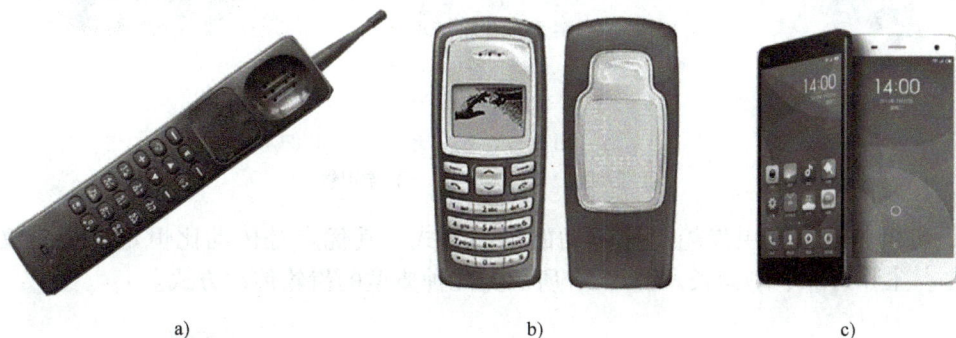

a)　　　　　　　　　　　b)　　　　　　　　　　c)

图1-12　通信设备

【任务分析】

现代机电设备已经渗透到人类生产和生活领域的各个方面，技术越来越先进，功能越来越强大，它们的构造也发生了很多变化。同一类设备，随着时代的变化，外观结构会发生翻天覆地的变化，功能也会随着时代的潮流而发生变化。

【相关知识】

通常通用机电设备的种类很多，工作原理各不相同，结构差异性大，但基本构成可以分为：机械系统、液压与气压传动系统、动力源和控制系统。

一、机械系统

1. 机体

机体是指机器或机电设备的躯体，其功能是用于固定各种传动装置、驱动装置、控制以及执行机构等。

2. 传动机构

（1）带传动　根据带的横截面形状分类：平带、V带、圆带和同步带（图1-13）。

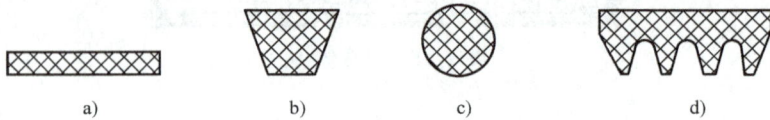

图 1-13　带传动

a）平带　b）V带　c）圆带　d）同步带

（2）链传动　链传动是啮合传动，平均传动比准确，利用链轮与链条的啮合来传递运动和动力。根据用途进行分类，可分为传动链、起重链和牵引链，如图1-14所示。

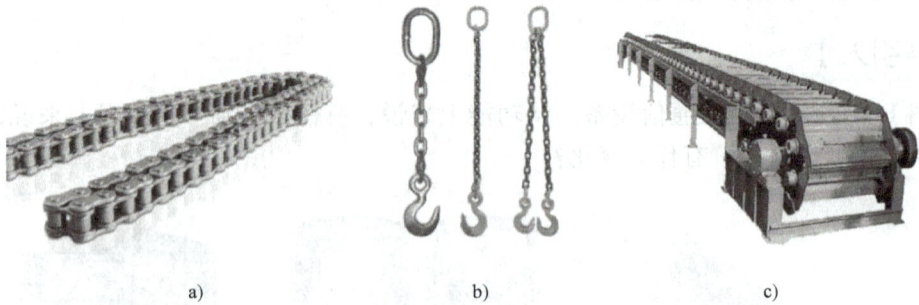

图 1-14　链传动

a）传动链　b）起重链　c）牵引链

（3）齿轮传动　利用齿轮传递运动的传动方式。其优点是传动比恒定、传动效率高、结构紧凑、工作可靠、寿命长。图1-15所示为几种典型的齿轮传动方式。

图 1-15　齿轮传动

a）直齿圆柱齿轮传动　b）斜齿圆柱齿轮传动　c）齿轮齿条传动

（4）滚珠丝杠传动 如图 1-16 所示，滚珠丝杠由螺杆、螺母和滚珠组成。它的功能是将旋转运动转化成直线运动，这是滚珠螺钉的进一步延伸和发展，这一延伸的重要意义就是将轴承从滚动动作变成滑动动作。由于具有很小的摩擦阻力，滚珠丝杠被广泛应用于各种工业设备和精密仪器。

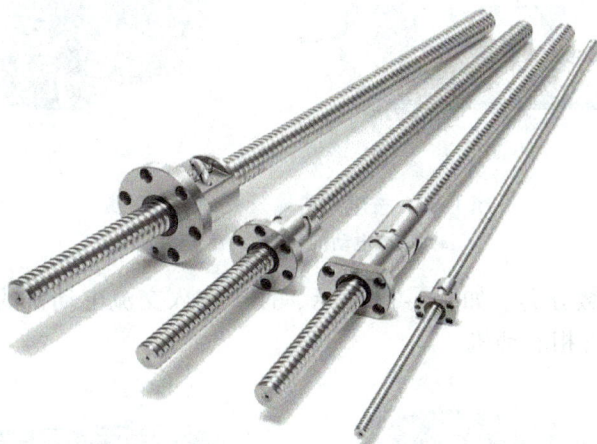

图 1-16 滚珠丝杠传动

二、液压与气压传动系统（表 1-6）

表 1-6 液压、气压传动系统的组成及各部分作用

形式		组成	作用
液压传动	动力元件	液压泵	将机械能转换为液压能，用以推动执行元件运动
	执行元件	液压缸、液压马达	将液压能转换为机械能并分别输出直线运动和旋转运动
	控制元件	压力阀、方向阀、流量阀、电液比例阀、逻辑阀、电液数字阀、电液伺服阀等	控制液体压力、流量和流动方向
	辅助元件	油管、接头、油箱、过滤器、密封件等	输送液体、储存液体，对液体进行过滤、密封等
气压传动	气压发生装置	空气压缩机、气源净化装置	将机械能转化为空气的压力能；降低压缩空气温度除去空气中水分、油分
	执行元件	气缸、气马达、摆动马达	将压缩空气的压力能转变为机械能，并分别输出直线运动、连续回转运动和不连续回转运动
	控制元件	压力阀、方向阀、流量阀、逻辑元件、射流元件行程阀、转换器、传感器等	控制压缩空气压力、流量和流动方向
	辅助元件	分水滤气器，油雾器，消声器及管路附件等	使压缩空气净化、润滑、消除噪声及元件间连接等

三、动力源

在机电设备中应用最广泛的动力源是电动机。

（1）按电动机输入电流类型分类 如图 1-17 所示，动力源按照电动机输入电流类型分为直流电动机和交流电动机。

图 1-17　按电动机输入电流类型分类

a）直流电动机　b）交流电动机

（2）按电动机相数分类　如图 1-18 所示，按照接入交流电动机的输入电力电源的相数可分为单相电动机和三相电动机。

图 1-18　按电动机相数分类

a）单相电动机　b）三相电动机

（3）按电动机的容量或尺寸大小分类　动力源按电动机的容量或尺寸大小分类可分为大、中、小、微型电动机。

四、控制系统

1. 控制系统的基本组成（图 1-19）

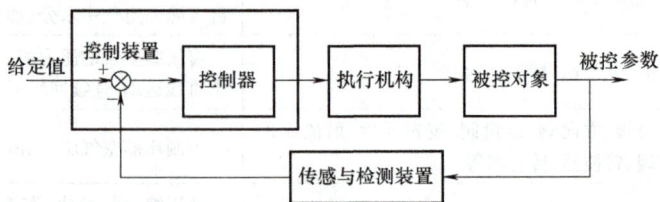

图 1-19　控制系统的基本组成

2. 控制系统的分类

（1）按照执行机构的控制方式分类　可分为开环控制系统、闭环控制系统和半闭环控制系统。

（2）按照控制系统所使用的器件分类　可分为电器元件控制、电子及半导体控制和

PLC 控制。

（3）按控制目的分类　可分为顺序控制、过程控制、数据处理及联网和显示打印。

【任务实施】

1. 观察身边的通信设备

根据所学的知识，比较身边通信设备有哪些变化，从结构、原理、控制系统中分析。

2. 观察学校实训中心的通用机床的铭牌

在企业生产车间或实训工场，经专业人员指导，查看通用机床的电动机种类，并查看电动机上的铭牌，对上面的内容进行查阅和解释。

【学习小结】

本任务主要介绍了通用机电设备的组成，能对通用机电设备的基本结构有深入的了解。

【想想　练练　做做】

1. 判断图 1-20 所示设备的名称。

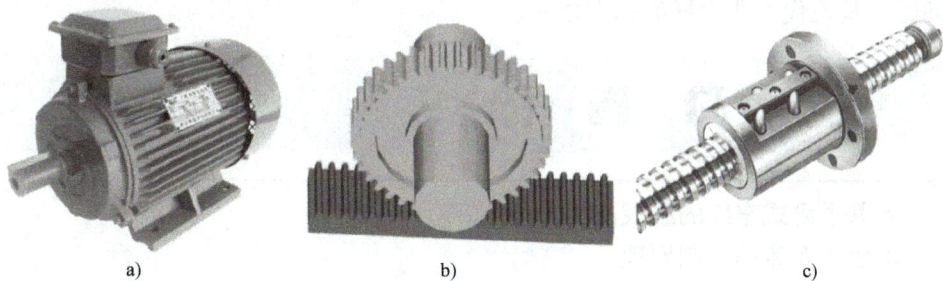

| a) | b) | c) |

图 1-20　判断设备的名称

2. 图 1-21 所示为两个三相异步交流电动机的原理图，课外查阅资料，它们各属于什么接法？

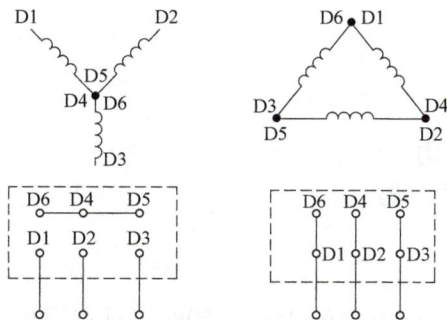

图 1-21　三相异步交流电动机的原理图

模块二

卧式车床

【导　　读】

　　卧式车床是传统的机电设备，是人类进行生产劳动的重要工具，也是社会生产力发展水平的重要标志，卧式车床经历了近两百年的历史，它能对轴、盘、环等多种类型工件进行多种工序加工，常用于加工工件的内外回转表面、端面和各种内外螺纹，能较好地解决零部件的加工问题，是现代工业发展的标志之一。

学 习 目 标

1. 能够熟悉卧式车床的组成及加工范围。
2. 了解卧式车床的控制原理。
3. 了解卧式车床的日常保养。

任务一　　认识卧式车床

【任务要求】

- 卧式车床的组成。
- 卧式车床的类型及结构。
- 卧式车床的分类与加工特点。

【任务引入】

　　在机械加工中，车床占机床总数的 25% ~ 50%，具有重要的地位和作用，有机床之母的美誉。

【任务分析】

　　随着社会的发展，古代靠手拉或脚踏，通过绳索使工件旋转并进行切削的方便已经被淘汰；为了获得较高的生产率和零件精度，并且减轻劳动强度，卧式车床应运而生，其特点是对操作者的动手能力和熟练程度要求较高，机床易于维护，容易受到人为因素的影响，工人的劳动强度大，但又是各类机床操作加工的基础，被广泛地应用于军事、造船、航空航天等国家支柱产业。

【相关知识】

一、卧式车床的基本概况及发展史

1. 卧式车床的基本概况

卧式车床主要用车刀对旋转工件进行车削加工的机床。在车床上还可以使用钻头、扩孔钻、铰刀、丝锥、板牙和滚花等工具进行相应的加工，卧式车床主要用于加工轴、盘、套和其他具有回转表面的工件，是机械制造和修配工厂中使用最广的一类机床，铣床和钻床等旋转加工的机械都是从车床中引申出来的。

2. 卧式车床的发展史

古代的车床是靠手拉或脚踏，通过绳索使工件旋转，并手持刀具进行切削的（图2-1）。

1797年，英国机械发明家莫兹利创制了用丝杠传动刀架的现代车床，并于1800年采用交换齿轮，可改变进给速度和被加工螺纹的螺距。

1817年，另一位英国人罗伯茨采用了四级带轮和背轮机构来改变主轴转速。

1845年，美国菲奇发明砖塔车床。

1848年，美国出现回转车床。

1873年，美国的斯潘塞制成一台单轴自动车床，后来又制成三轴自动车床。

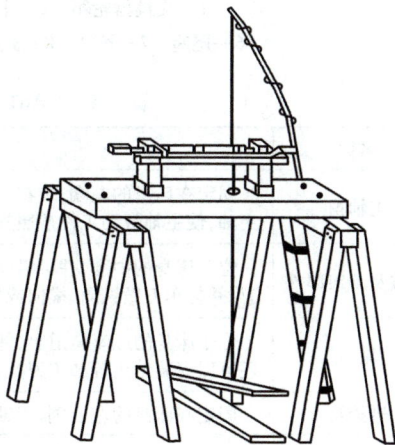

图2-1　古代车床

20世纪初出现了单独电动机驱动的带有齿轮变速箱的车床，第一次世界大战后，由于军火、汽车和其他机械工业的需要，各种高效自动车床和专门化车床迅速发展。为了提高小批量工件的生产率，20世纪40年代末，带液压仿形装置的车床得到推广，与此同时，多刀车床也得到发展；50年代中期，发展了带穿孔卡、插销板和拨码盘等的程序控制车床；数控技术与60年代开始用于车床，70年代后得到迅速发展。

二、卧式车床的组成及工作原理

1. 卧式车床的组成

如图2-2所示，以CA6140型为代表的卧式车床一般由主轴箱、床鞍和刀架部件、尾座、进给箱、溜板箱、床身等组成。各部分的主要功能见表2-1。

2. 卧式车床的工作原理

（1）卧式车床的传动系统　图2-3所示为CA6140型卧式车床的传动系统原理图，概要地表示了由电动机带动主轴和刀架运动所经过的传动机构和重要元件。

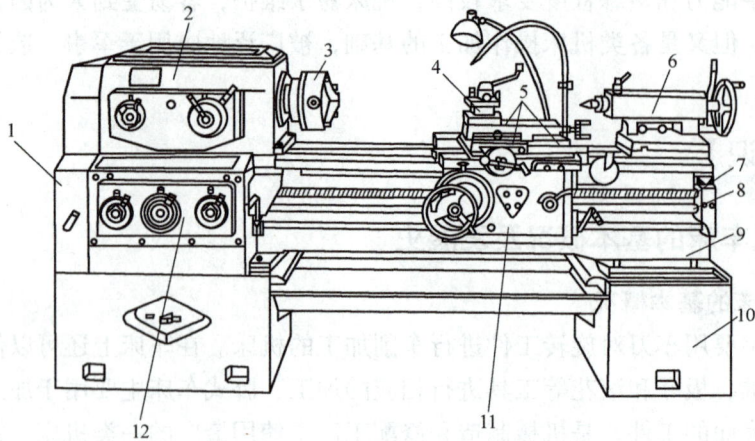

图 2-2　CA6140 型卧式车床

1—交换齿轮箱　2—主轴箱　3—卡盘　4—床鞍及刀架部件　5—滑板
6—尾座　7—丝杠　8—光杠　9—床身　10—床腿　11—溜板箱　12—进给箱

表 2-1　CA6140 型卧式车床各组成部分的主要功能

名称	主 要 功 能
主轴箱	固定在床身的左端,装在主轴箱中的主轴,通过卡盘等夹具装夹工件。主轴箱的功用是支承并传动主轴,使主轴带动工件按照规定的转速旋转
床鞍及刀架部件	位于床身的中部,并可沿床身上的刀架轨道做纵向移动。刀架部件位于床鞍上,其功能是装夹车刀,并使车刀做纵向、横向或斜向运动
尾座	位于床身的尾座轨道上,并可沿导轨纵向调整位置。尾座的功能是用后顶尖支承工件。在尾座上还可以安装钻头等加工刀具,以进行孔加工
进给箱	固定在床身的左前侧、主轴箱的底部。其功能是改变被加工螺纹的螺距或机动进给的进给量
溜板箱	固定在刀架部件的底部,可带动刀架一起做纵向进给、横向进给、快速移动或螺纹加工。在溜板箱上装有各种操作手柄及按钮,工作时操作者可以方便地操作机床
床身	床身固定在左床腿和右床腿上。床身是机床的基本支承件。在床身上安装着机床的各个主要部件,工作时床身使它们保持准确的相对位置

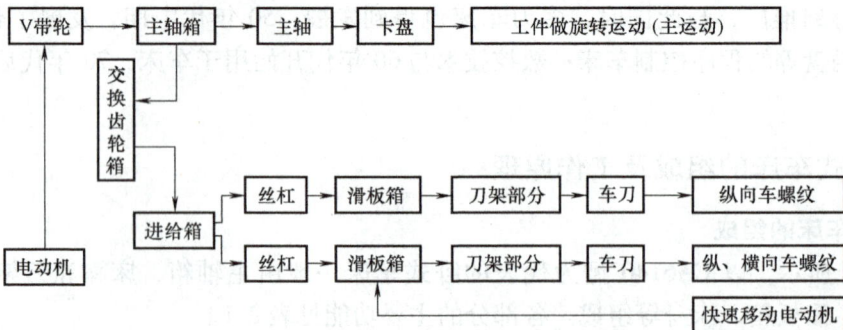

图 2-3　CA6140 型卧式车床的传动系统原理图

电动机经主换向机构、主变速机构带动主轴转动；进给传动从主轴开始，经进给换向机构、交换齿轮箱和进给箱内的变速机构和转换机构、滑板箱的传动机构和转换机构传至刀架。滑板箱中的转换机构起改变进给方向的作用，使刀架做纵向或横向、正向或反向进给运动。

（2）卧式车床的切削运动　CA6140 型卧式车床的两类运动是主运动和进给运动。

1）主运动：主轴的回转运动。电动机的回转运动经带传动机构（V 带及带轮）传递到主轴箱，在箱内经变速、变向机构再传到主轴，使主轴获得 24 级正向转速（转速范围 10～400r/min）和 12 级反向转速（转速范围 14～1580r/min）。

2）进给运动：刀具的纵向、横向运动。主轴的回转运动从主轴箱经交换齿轮箱、进给箱传递给光杠或丝杠，使它们回转，再由滑板箱将光杠或丝杠的回转转变为滑板、刀架的直线运动，使刀具做纵向或横向进给运动。CA6140 型卧式车床的纵向进给速度共有 64 级（进给量范围 0.04mm/r～1.59mm/r），横向进给速度共有 64 级（进给量范围 0.04mm/r～0.79mm/r）。

三、车床的分类及加工范围

1. 车床的分类

随着科学技术的不断发展，车床的种类越来越多。通常可将车床按结构不同分为以下几类，见表 2-2。

表 2-2　车床分类表

名称	含义	图片
卧式车床 落地车床	卧式车床是能对轴、盘、环等多种类型工件进行多种工序加工的车床	
立式车床	立式车床通常用于加工直径和重量比较大，或在卧式车床上难于安装的工件	
转塔（六角）车床	具有能装多把刀的转塔刀架的车床。转塔刀架可以转位，过去大多呈六角形，故转塔车床旧称六角车床	

（续）

名称	含义	图片
多刀半自动车床	有单轴、多轴、卧式和立式之分。单轴卧式的布局形式与卧式车床相似，但两组刀架分别装在主轴的前后或上下，用于加工盘、环和轴类工件	
仿形车床	仿形车床是指能仿照样板或样件的形状尺寸，自动完成工件加工循环的数控车床	
单轴自动车床	单轴自动车床为主轴箱固定型单轴自动车床，采用凸轮式控制	
专门化车床	加工某类工件特定表面的车床，如曲轴车床、凸轮轴车床、车轮车床、车轴车床、轧辊车床和钢锭车床等	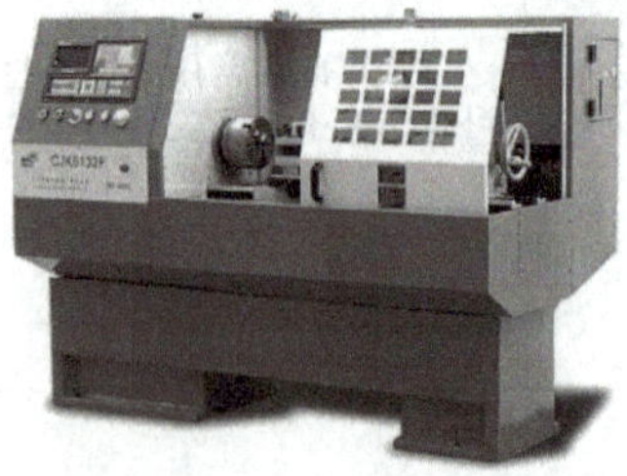

2. 车床的加工范围

车削加工是指在车床上应用刀具与工件做相对切削运动，用以改变毛坯的尺寸和形状等，使之成为零件的加工过程。主要包括端面、外圆、内圆、锥面、螺纹、回转沟槽、回转成型面和滚花等。卧式车床的加工范围见表2-3。

表 2-3　卧式车床的加工范围

加工内容	加工示意图	加工内容	加工示意图
车端面		车外圆	
车圆锥面		车成型面	
钻中心孔		钻孔	
镗孔		铰孔	
车槽、车断		车外螺纹	

【任务实施】

1. 观察卧式车床结构

在企业生产车间或实训工场，现场观察 CA6140 型卧式车床，查看主轴箱、床鞍、刀架部件、尾座、进给箱、溜板箱、床身等部件。

2. 观察卧式车床的切削运动

在企业生产车间或实训工场，经专业人员指导，观察卧式车床的两种不同运动及其在切削过程中的作用。

【学习小结】

本任务主要介绍了卧式车床的组成与工作原理，并能简单识别卧式车床的类型及判断其用途。

【想想 练练 做做】

1. 判断图 2-4 所示各类卧式车床的名称。

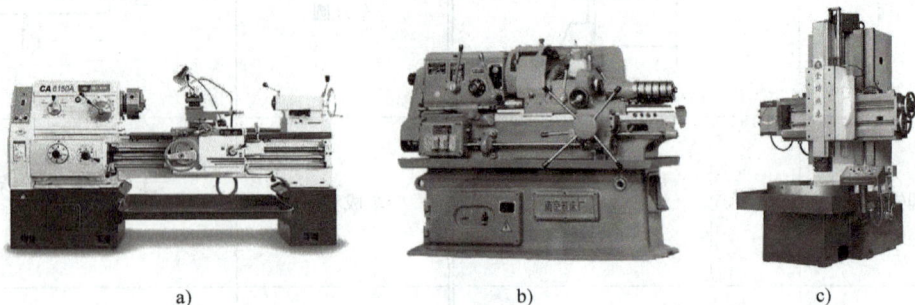

图 2-4　卧式车床

2. 在图 2-5 中标出卧式车床各部件的名称，并阐述其功用。

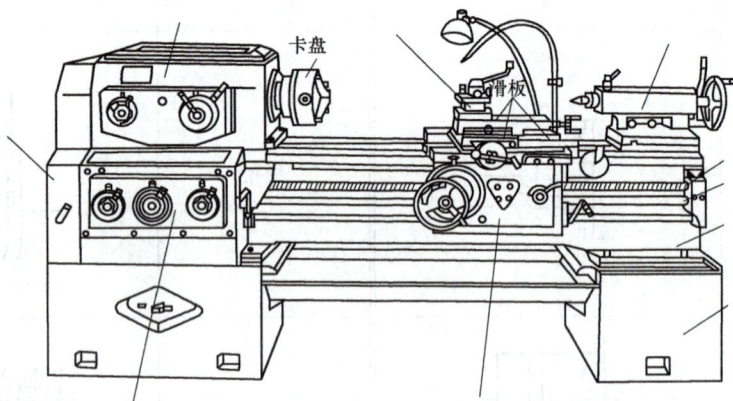

图 2-5　卧式车床结构图

任务二　了解卧式车床的电气控制原理

【任务要求】

- 卧式车床的控制简介。
- 卧式车床的电气控制原理分析。
- 卧式车床的注意事项。

【任务引入】

卧式车床在加工零部件过程中，能实现自动进给吗？若能，是如何实现控制的？若不能，应如何进行改进？

【任务分析】

现代社会是一个高速发展的社会，人们都追求于高效率、高发展、高效益，零件的加工方式也由原来的卧式车床发展到现在的电气控制车床。车床是机械加工中使用最广泛的机床，它可以用于切削各种工件的外圆、内孔、端面及螺纹等。现代生产机械多采用机械、电气、液压、气动相结合的控制技术，电气控制技术起连接中枢作用，应用最为广泛。

【相关知识】

一、卧式车床的控制简介

车床是一种应用极其广泛的金属切削机床，根据其结构和用途不同，分成卧式车床、立式车床、转塔车床、仿形车床等，主要用于加工各种回转表面（内外圆锥面、圆锥面、成型回转面等）和回转体的端面，并可以通过尾架进行钻孔、铰孔等加工。

CA6140 型卧式车床应用广泛，它是由主轴通过卡盘或顶尖带动工件旋转。电动机的动力通过主轴箱传给主轴，主轴一般只要单方向的旋转运动，只有在车螺纹时才需要用反转来退刀。

（1）运动形式　车床的主运动为工件的旋转运动，由主轴通过卡盘带动工件旋转。

（2）车床的进给运动　车床的进给运动为溜板带动刀架的纵向或横向直线运动，分手动和电动两种。

（3）车床的辅助运动　车床的辅助运动有刀架的快速移动、尾架的移动，以及工件的夹紧与放松等。

（4）控制要求

1）主电动机完成主轴主运动和刀具的纵横向进给运动的拖动，一般选用笼型异步电动机，采用直接起动方式，其变速、正反转均采用机械机构。

2）冷却泵电动机提供切削液，防止加工时刀具和工件的温升过高，它应在主电动机后起动，采用单方向直接起动方式和连续工作状态。

3）刀架快速移动电动机实现溜板箱的快速移动以提高工作效率，采用点动控制。

4）控制电路应有必要的保护措施与安全的局部照明保护。

二、卧式车床的电气控制原理分析

1. 主电路分析

在主电路中，M1 为主轴电动机，拖动主轴的旋转并通过传动机构实现车刀的进给。主轴电动机 M1 的运转和停止由接触器 KM1 的三相常开主触点的接通和断开来控制，电动机 M1 只需做正转，而主轴的正反转是由摩擦离合器改变传动链来实现的。电动机 M1 的容量小于 10kW，所以采用直接起动。M2 为冷却泵电动机，进行车削加工时，刀具的温度高，需用切削液来进行冷却。为此，车床备有一台冷却泵电动机拖动冷却泵，喷出切削液，实现刀具的冷却。冷却泵电动机 M2 由接触器 KM2 的主触点控制。M3 为快速移动电动机，由接触器 KM3 的主触点控制。M2、M3 的容量都很小，分别加装熔断器 FU1 和 FU2 作短路保护。热继电器 FR1 和 FR2 分别作 M1 和 M2 的过载保护，快速移动电动机 M3 是短时工作的，所以不需要过载保护。带钥匙的低压断路器 QF 是电源总开关。CA6140 型卧式车床的总电路图和主电路图如图 2-6 和图 2-7 所示。

1	2	3	4	5	6	7	8	9	10	11	12
电源保护	电源开关	主电动机	冷却泵电动机	快速移动电动机	变压器	指示灯	照明	主轴起停	快进	冷却泵	电源控制

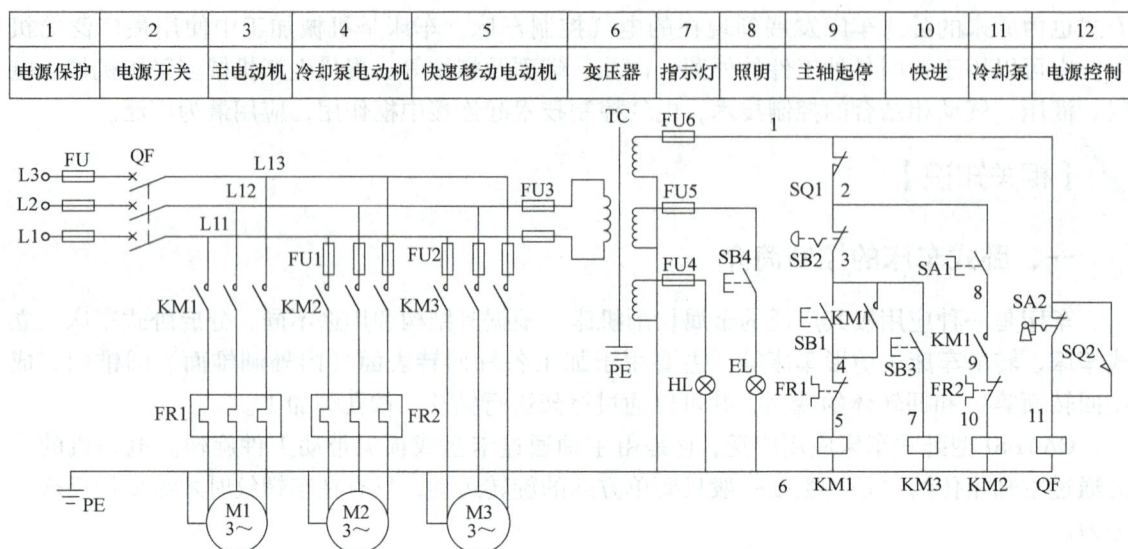

图 2-6　CA6140 型卧式车床的总电路图

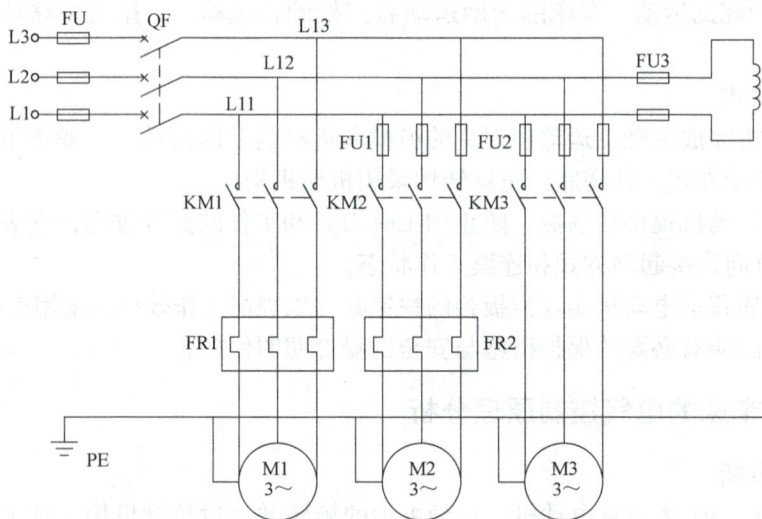

图 2-7　CA6140 型卧式车床的主电路图

2. 控制电路分析

控制电路的供电电压是 127V，它是通过控制变压器 TC 将 380V 的电压降为 127V 得到的。控制变压器的一次侧由 FU3 作短路保护，二次侧由 FU4～FU6 作短路保护。其控制电路图如图 2-8 所示。

（1）电源开关的控制　由于机床的电源开关采用了钥匙开关 SA2，接通电源时要先用

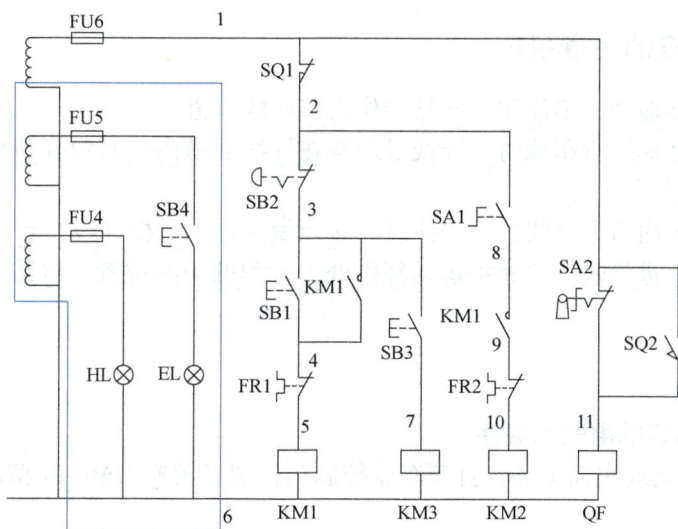

图 2-8　CA6140 型卧式车床控制电路图

钥匙打开开关锁，再合断路器 QF，增加了安全性，同时在机床控制配电盘的壁龛门上装有安全行程开关 SQ2，当打开配电盘壁龛门时，行程开关的触点 SQ2（1-11）闭合，QF 的线圈通电，QF 自动跳闸，切除机床的电源，以确保人身安全。

（2）主轴电动机 M1 的控制　SB2 是红色蘑菇型的停止按钮，SB1 是绿色的起动按钮。按一下起动按钮 SB1，KM1 线圈通电吸合并自锁，KM1 的主触点闭合，主轴电动机 M1 起动运转。按一下 SB2，接触器 KM1 断电释放，其主触点和自锁触点都断开，电动机 M1 断电停止运行。

（3）冷却泵电动机的控制　当主轴电动机起动后，KM1 的常开触点 KM1（8-9）闭合，这时若旋转转换开关 SA1 使其闭合，则 KM2 线圈通电，其主触点闭合，冷却泵电动机 M2 起动，提供切削液。当主轴电动机 M1 停车时，KM1（8-9）断开，冷却泵电动机 M2 随即停止。M1 和 M2 之间存在联锁关系。

（4）快速移动电动机 M3 的控制　快速移动电动机 M3 是由接触器 KM3 进行的点动控制。按下按钮 SB3，接触器 KM3 线圈通电，其主触点闭合，电动机 M3 起动，拖动刀架快速移动；松开 SB3，M3 停止。快速移动的方向通过装在溜板箱上的十字手柄扳到所需要的方向来控制。

（5）安全开关 SQ1　SQ1 是机床床头的交换齿轮架传动带罩处的安全开关。当装好传动带罩时，SQ1（1-2）闭合，控制电路才有电，电动机 M1、M2、M3 才能起动。当打开机床床头的传动带罩时，SQ1（1-2）断开，使接触器 KM1，KM2、KM3 断电释放，电动机全部停止转动，以确保人身安全。

3. 照明和信号电路分析

照明电路采用 36V 安全交流电压，信号回路采用 6.3V 的交流电压，均由控制变压器二次侧提供。FU5 是照明电路的短路保护，照明灯 EL 的一端必须保护接地。FU4 为指示灯的短路保护，合上电源开关 QF，指示灯 HL 亮，表明控制电路有电。照明和信号控制电路如

图 2-8 中粗实框所示。

三、卧式车床的注意事项

1）不要漏接接地线，不能用金属软管作为接地的通道。

2）在控制箱外部进行布线时，导线必须穿在导线通道内或敷设在机床底座内的导线通道里，所有导线不得有接头。

3）在导线通道内敷设导线进行接线时，必须做到查出一根导线，套一根线号。

4）在进行快速进给时，注意将运动部件处于行程的中间位置，以防止运动部件与车头或尾架相撞。

【任务实施】

1. 观察卧式车床的电气元器件

在企业生产车间或实训工场，打开车床控制箱，现场观察 CA6140 型卧式车床电气元件及电路图。

2. 分析卧式车床的控制电路

在企业生产车间或实训工场，经专业人员指导，对卧式车床的主电路、控制电路和照明和信号电路进行分析。

【学习小结】

本任务主要介绍了卧式车床的控制原理，并能简单识别卧式车床的电气元件和对各电路进行分析。

【想想 练练 做做】

1. 识读图 2-6 中所示的各电气元件名称。
2. 根据图 2-8 所示电路，阐述电源开关的控制和主轴电动机 M1 的控制。

任务三　　了解卧式车床的日常维护与保养

【任务要求】

- 卧式车床的日常保养。
- 卧式车床的操作规程。

【任务引入】

机械设备是人们进行生产的重要工具，是减轻工人劳动强度、提高工作质量和效率的主要手段。合理使用、维护与保养机械设备，对延长设备的使用寿命、充分发挥设备潜力、减小生产成本，创造更大经济效益，起着至关重要的作用。

【任务分析】

为了使车床保持良好的状态，除了发生故障及时修理外，坚持日常的保养和维护是非常重要的，一方面可以提高车床的使用寿命，另一方面可以把许多故障隐患消除在萌芽之中，防止或减少事故的发生。

【相关知识】

一、卧式车床的日常保养

卧式车床的日常保养见表2-4。

表 2-4　卧式车床的日常保养

日常保养内容和要求	定期保养的内容和要求		
	保养部位	内容和要求	
一、班前 1. 擦净机床各部件外露导轨及滑动面 2. 按规定润滑各部位,油质、油量符合要求 3. 检查各手柄位置 二、班后 1. 将铁屑全部清扫干净 2. 擦净机床各部位 3. 部件归位 4. 认真填写交接班记录及其他记录	外表面	1. 清洗机床外表面及死角,拆洗各罩盖,要求内外清洁,无锈蚀、无油污、漆面本色铁见光 2. 清洗丝杠、光杠、齿条,要求无油垢 3. 检查补齐螺钉、手柄、手球	
	主轴箱	1. 拆洗过滤器 2. 检查主轴定位螺钉,调整适当 3. 调整摩擦片间隙和制动装置 4. 检查油质,保持良好	
	刀架及滑板	1. 拆洗刀架、小滑板、中滑板各件 2. 安装时调整好中滑板、小滑板的丝杠间隙和斜铁间隙	
	交换齿轮箱	1. 拆洗交换齿轮及交换齿轮架,并检查轴套有无晃动现象 2. 安装时调整好齿轮间隙,并注入新油质	
	尾座	1. 拆洗尾座各部件 2. 清除毛刺,检查丝杠螺母副间隙 3. 安装时要求达到灵活可靠	
	进给箱及滑板箱	清洗油线、油毡、注入新油	
	润滑及冷却系统	1. 清洗冷却泵、冷却槽 2. 检查油质,保持良好,油杯齐全,油窗明亮 3. 清洗油线、油毡,注入新油,要求油路畅通	
	电气系统	1. 清扫电动机及电气箱内外灰尘 2. 检查擦拭电气元件及触电,要求完好可靠无灰尘,线路安全可靠	

二、卧式车床的一级、二级保养

1. 一级保养的内容及周期

金属切削设备一般运转1200~1500h，或两班制连续生产的设备运转4~5个月进行一次一级保养；锻压、起重设备一般运转900~1200h，或两班制连续生产的设备运转3~4个月进行一次一级保养。保养时应在维修人员指导配合下，主要由操作者完成。其内容包括：

1）清扫、检查、调节电器部分。

2）清洗设备外表面，检查、调节各传动、操作机构。

3）清洗、疏通各润滑系统，检查冷却系统。

4）检查并且排除一般性故障及隐患。

5）检查并且调节安全防护措施、限位块及有关仪器、仪表等。

2. 二级保养的内容及周期

金属切削设备一般运转 3600～4500h，或两班制连续生产的设备运转 12～15 个月进行一次二级保养；锻压、起重设备一般运转 2700～3600h，或两班制连续生产的设备运转 9～12 个月进行一次二级保养。保养时应以维修人员为主，在操作者参加下共同进行。其内容主要包括：

1）清扫、检查、调节电器部分。

2）全面清洗润滑系统，并且进行换油。全面清洗冷却系统。

3）检查设备的技术状况及安全设施，全面调整各处间隙，排除故障，清除隐患。

4）修复和更换必要的磨损零件，或者刮研必要的磨损部位。

5）全面清除设备的漏油、漏气、漏水现象。

6）使设备能达到安全可靠、运行正常，符合设备完好标准。

【任务实施】

1. 观察卧式车床结构

在企业生产车间或实训工厂，现场观察 CA6140 型卧式车床，通过实践掌握卧式车床的日常维护要求和操作方法。

2. 观察卧式车床的切削运动

在企业生产车间或实训工场，经专业人员指导，通过观察卧式车床，掌握其一级维护和二级维护的要求和操作方法。

【学习小结】

本任务主要介绍了卧式车床的日常保养，并能简单识别卧式车床的一级维护和二级维护。

【想想 练练 做做】

1. 简述卧式车床一级维护的内容。

2. 简述卧式车床的日常维护。

模块三

数控机床

【导　读】

　　数控机床是典型的机电设备，是集现代机械制造技术、自动控制技术、检测技术、计算机信息技术于一体的，能较好地解决复杂、精密、小批量、多品种的零件加工问题，是一种高度柔性、高度自动化、高度信息化的机床，代表了现代机床控制技术和现代机械制造业工艺水平的发展方向。

学 习 目 标

1. 能识别数控机床的类型及组成。
2. 能了解数控机床的工作原理。
3. 知道数控机床的日常保养和维护。

任务一　　认识数控机床

【任务要求】

- 数控机床的组成。
- 数控机床的基本工作原理。
- 数控机床的分类与加工特点。

【任务引入】

　　观察图3-1所示零件，它们在结构上有什么特点？加工面有什么特点？能用普通机床加工出来吗？若能，加工效率会高吗？若不能，应该用什么机床来加工呢？

【任务分析】

　　随着社会生产和科学技术的发展，机械产品日趋精密复杂，且需频繁改型，特别是宇

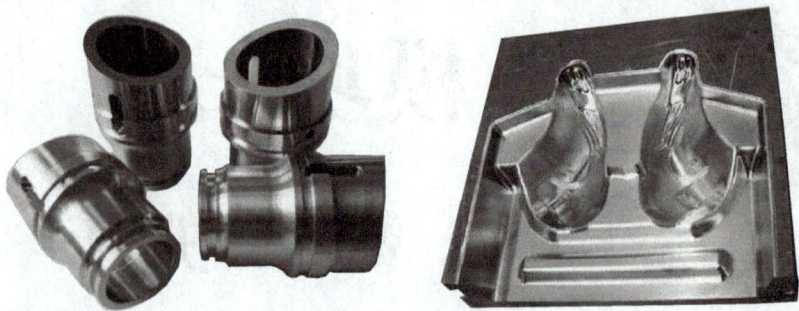

图 3-1　复杂零件

航、造船、军事等领域所需的零件，精度要求高，形状复杂、批量小，普通机床已不能适应这些加工需要，一种新型机床——数控机床应运而生。

【相关知识】

一、数控机床

1. 数字控制

CNC 数控机床是计算机数字控制机床（Computer Numerical Control）的简称，是一种装有程序控制系统的自动化机床。该控制系统能够逻辑地处理具有控制编码或其他符号指令规定的程序，并将其译码，从而使机床动作并加工零件。

2. 数控机床的发展进程

从 20 世纪 40 年代末起，随着制造业的飞速发展，数控机床按照数控装置变更经历了多个发展阶段。表 3-1 列出了数控机床的发展进程。

表 3-1　数控机床发展进程

发展年代	时　间	数控装置	发展背景
第 1 代	1948～1959 年	电子管元件	美国帕森斯（PARSONS）公司首先提出了数控机床的设想，与美国麻省理工学院（MIT）合作，于 1952 年研制出第一台三坐标轴数控铣床
第 2 代	1959～1965 年	晶体管元件	美国克耐·杜列克公司（K&T 公司）研制成功带有自动换刀装置的加工中心（MC）
第 3 代	1965～1967 年	集成电路	英国产生了最初的由几台数控机床连接而成的柔性制造系统（FMS）
第 4 代	1970 年后	小型计算机	美国芝加哥国际机床展览会展出首台计算机控制系统
第 5 代	1974 年后	微型计算机	美国、日本、德国等发达国家推出了以微处理器为核心的微型机数控系统（MNC，统称为 CNC）
第 6 代	1990 年后	工控 PC	计算机软、硬件飞速发展，德国、日本先后出现了带人机对话自动编程、自动监控与检测、智能数控系统的数控机床

二、数控机床的组成与基本工作原理

1. 数控机床的组成

数控机床一般由控制介质、数控装置、伺服系统、测量反馈装置和机床主体组成。如图 3-2 所示，各组成部分的主要功能与常用部件见表 3-2。

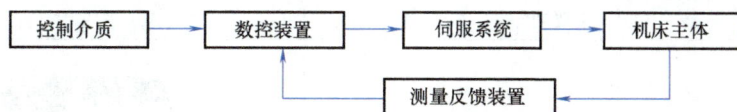

图 3-2　数控机床的组成

表 3-2　数控机床各组成部分的主要功能与常用部件

名　称	主要功能	常用部件
控制介质	将零件加工信息传送到数控装置去的程序载体	闪存卡　　移动硬盘　　U 盘
数控装置	接受控制介质中的数字化信息,经过控制软件或逻辑电路进行编译、运算和逻辑处理后,输出各种信号和指令,控制机床的移动部件,进行规定、有序的运动	数控装置
伺服系统	自 CNC 的指令信号转换为机床移动部件的运动,使工作台(或溜板)精确定位或按规定的轨迹做严格的相对运动,最后加工出符合图样要求的零件	伺服电动机　　驱动装置
测量反馈装置	通过测量元件将机床移动的实际位置、速度参数检测出来,转换成电信号,并反馈到 CNC 装置中,使 CNC 能随时判断机床的实际位置、速度是否与指令一致,并发出相应指令,纠正产生的误差	高精度反馈元件

(续)

名　　称	主要功能	常用部件
机床本体	与普通机床类似,主要起到安装机床各功能部件,支承工件,在数控驱动下按数控程序完成工件加工等作用	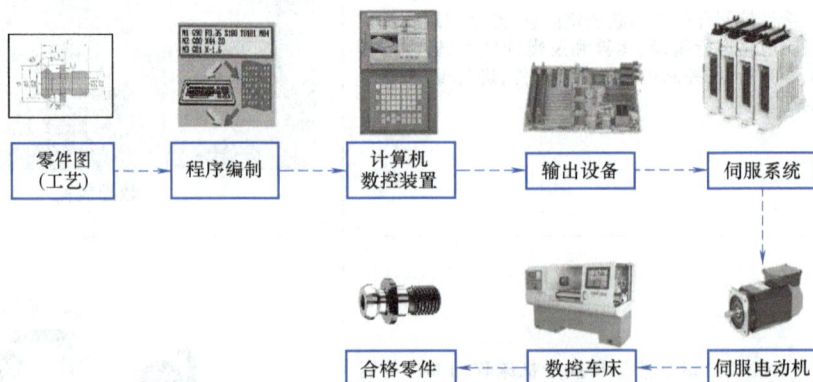 数控机床本体

2. 数控机床的基本工作原理

数控机床的基本工作原理如图 3-3 所示,数控机床加工零件时,必须根据零件图及加工工艺要求,将加工所需的刀具、刀具的运动轨迹与速度、主轴的转速与旋转方向、冷却等辅助要素的先后顺序,用规定的数控代码形式编制成程序,再将这些程序输入到数控装置中,通过数控装置内部的控制软件,经过自动数据处理、计算后,向数控机床各伺服系统及辅助装置发出工作指令,驱动各运动部件及辅助装置按预定顺序动作,实现刀具与工件的相对运动,最终加工出符合零件图要求的合格零件。

图 3-3　数控机床的基本工作原理图

三、数控机床的分类与加工特点

1. 数控机床的分类

随着现代先进制造业的快速发展,数控机床的种类越来越多。数控机床通常按照运动轨迹、控制方式、工艺用途分为三大类型,见表 3-3。

2. 数控机床的加工特点

数控机床加工与普通机床加工从宏观上看并没有本质的区别,但数控机床本身具有高精度、高速度、复合化、柔性化、多功能化、智能化等一系列特征,因此必然在加工使用中表现出一些新的特点。与普通机床加工相比,数控机床加工的特点可大致归结为如下几点。

表 3-3　数控机床分类表

大类	细分类	含　义	示意图
按运动轨迹分类	点位控制数控机床	控制从一点到另一点位置的精确定位	移动时刀具未加工
	点位直线控制数控机床	控制工作台以给定的速度,沿平行坐标轴方向进行直线切削加工运动	刀具在加工
	轮廓控制数控机床	控制加工过程中每一点的速度、方向和位移量,运动轨迹是任意的直线、圆弧、螺旋线等	刀具在加工
按控制方式分类	开环控制数控机床	无检测反馈装置,不检测运动的实际位置,即没有位置反馈信号	进给脉冲 步进电动机驱动电路 步进电动机 工作台
	闭环控制数控机床	安装在工作台上的检测元件将工作台实际位移量反馈到计算机中,与要求的位置指令进行比较,用比较的差值进行控制,直到差值消除为止	指令值 比较器 放大电路 伺服电动机 位置反馈 工作台 直线位移检测装置
	半闭环控制数控机床	采用转角位移检测元件,推算出工作台的实际位移量,反馈到计算机中进行位置比较,用比较的差值进行控制	指令值 比较器 放大电路 伺服电动机 位置反馈 工作台 角度检测装置
按工艺用途分类	一般数控机床	与普通机床工艺可行性相似的各种数控机床	

（续）

大类	细分类	含 义	示意图
按工艺用途分类	加工中心	带有刀库和自动换刀装置的数控机床	
	特种数控机床	装备了数控装置的特种加工机床	数控线切割机床

（1）自动化程度高　数控机床可以减轻操作者的体力劳动强度，其加工过程是按输入的程序自动完成的，操作者在起始阶段需要进行对刀、装卸工件、更换刀具等操作；在加工过程中，主要是观察和监督机床运行。但是，由于数控机床的技术含量高，操作者的脑力劳动付出相应也会提高。

（2）加工零件精度高、质量稳定　数控机床具有较高的加工精度，一般在 0.005 ~ 0.100 mm 之间。因为数控机床按照预定的加工程序进行自动加工，加工过程不需要人工干预，消除了操作者人为的操作误差，加工精度不受零件复杂程度的影响，而且数控机床的机械传动系统和机构都有较高的精度、刚度和热稳定性，所以零件加工的一致性好。另外，加工精度还可以利用软件来进行校正补偿，因此可以获得比机床本身精度还要高的加工精度及重复精度。这是用一般普通机床加工零件无法保证和达到的。

（3）生产效率高　数控机床定位精度高，停机检测次数少，对工具、夹具的要求降低，又免去了划线工作，加工准备时间短；在加工过程中，又有较高的重复精度，节省了对零件的检验时间；在零件改型时，只需稍微调整程序即可。这些都提高了生产效率，一般可提高3 ~ 5倍。如果使用能自动换刀的数控加工中心机床，配置数控转台或分度转台，可通过一次装夹，完成多道工序的连续加工，减少了工序间工件的运输时间和工件的装夹次数，生产效率可提高5 ~ 10倍，对某些复杂零件，其生产率可提高十几倍甚至几十倍。

（4）可以加工具有复杂型面的工件　数控机床具有多轴联动功能，能加工普通机床很难加工或无法加工的复杂曲线、曲面，特别是对于形状复杂的多维曲面零件（如叶轮），加工非常方便。因此数控机床在宇航、造船、模具等行业中得到广泛应用。

（5）有利于生产管理的现代化　利用数控机床加工，能准确地计算零件的加工工时，并有效地简化检验工具、夹具和半成品的工作，易于构成柔性制造系统（FMS）和计算机集成制造系统（CIMS）。

虽然数控机床有上述优点，但初期投资大，维修费用高，对管理及操作人员的素质要求也较高，因此，应合理地选择及使用数控机床，才能提高企业经济效益和竞争力。

3. 数控机床的使用范围

数控机床具备普通机床所没有的许多优点，但这些优点都是在一定的具体条件下才能得以体现。数控机床的应用范围正在不断扩大，但它并不能完全取代其他类型的机床，也还不能以最经济的方式解决机械加工中的所有问题。根据数控机床的自身特点，通常最适合加工以下类型的零件。

1）几何形状复杂的零件。

2）多品种、小批量生产的零件。

3）需要频繁改型的零件。

4）贵重的、不允许报废的关键零件。

5）必须严格控制公差的零件。

【任务实施】

1. 观察数控机床的结构

在企业生产车间或实训工场，现场观察某数控机床，查看机床床身、防护门、导轨与导轨防护装置、工作台、机床主轴、刀座与刀架、变频电动机或伺服电动机等部件。

2. 观察数控机床的电气控制元器件

在企业生产车间或实训工场，经专业人员指导，现场打开机床侧面或背面的电气柜，查看数控机床的 PLC 控制模块、各电动机的伺服驱动模块、散热装置、电气开关、交流接触器、变压器等电气控制元器件。

【学习小结】

本任务主要介绍了数控机床的组成与工作原理，并能简单介绍数控机床的类型及其用途。

【想想　练练　做做】

1. 判断图 3-4 所示各类数控机床的名称。

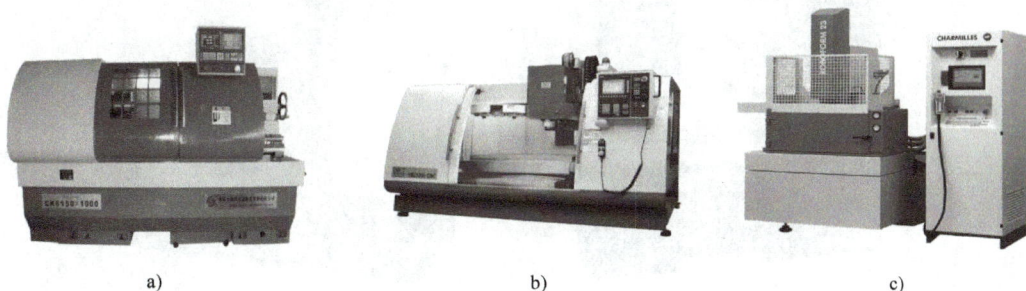

a)　　　　　　　　　　b)　　　　　　　　　　c)

图 3-4　数控机床

2. 根据图 3-5 所示数控机床的工作过程示意图，分析其工作过程。

3. 上网查询不同种类的数控机床的特点。

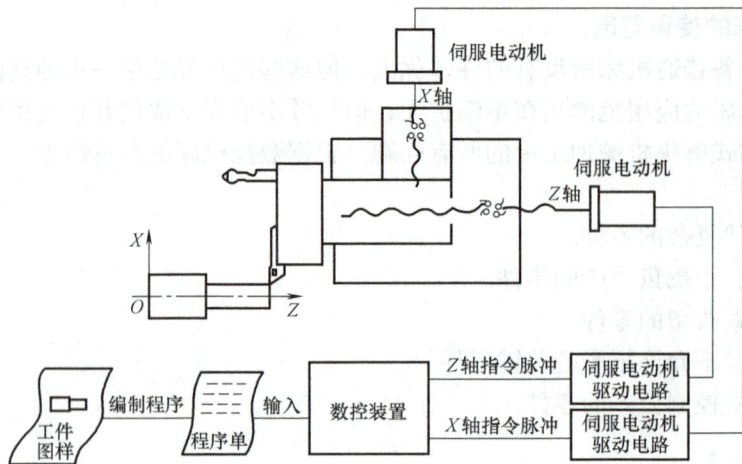

图 3-5　数控机床的工作过程示意图

任务二　认识典型数控机床

【任务要求】

- 数控车床的基本工作原理。
- 数控车床的分类与加工特点。
- 数控铣床的基本工作原理。
- 数控铣床的分类与加工特点。

【任务引入】

观察图 3-6 所示的两种数控机床，它们在结构上有什么特点？加工零件有什么特点？两种零件分别用哪种机床加工合适？加工刀具是如何安装的？

a)　　　　　　　　　　　　　　　　b)

图 3-6　数控机床

【任务分析】

随着对产品质量的要求越来越高，对操作者水平的要求也越来越高。结构简单的产品可以通过普通机床来完成加工，但结构复杂的、精度高的产品，已不能通过普通机床来保证加工质量，这就需要新型的机床加工——数控机床应运而生。

【相关知识】

一、数控车床

1. 数控车床的基本工作过程

数控车床的基本工作过程如图 3-7 所示。

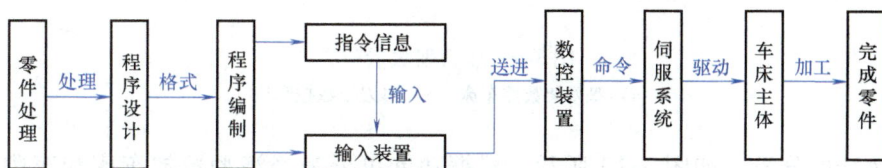

图 3-7　数控车床的基本工作过程

1）首先根据零件加工图样进行工艺分析，确定加工方案、工艺参数和位移数据。

2）用规定的程序代码和格式规则编写零件加工程序单；或用自动编程软件（CAXA 数控车软件）进行 CAD/CAM，直接生成零件的加工程序文件。

3）将加工程序的内容以代码的形式完整的记录在信息介质上（或通过 CAXA 数控车软件，将图样上的零件进行模拟仿真，并通过后台进行自动编程）。

4）通过阅读机把信息介质上的代码转变为电信号，并输送给数控装置。可以在面板上根据自己编写的程序手工输入到机床中；由软件生成的程序，通过 U 盘直接传输到数控机床的数控单元。

5）数控装置将接收的信号进行一系列处理后，再将处理结果以脉冲信号形式向伺服系统发出执行的命令。

6）伺服系统接到执行的信息指令后，马上驱动车床进给机构严格按照指令的要求进行加工，使车床自动完成相应零件的加工。

2. 数控车床的分类

（1）按车床主轴位置分类　如图 3-8 所示，根据车床主轴位置可分为立式数控车床和卧式数控车床两类。

（2）按加工零件的基本类型分类　根据加工零件的基本类型可分为卡盘式数控车床和顶尖式数控车床两类。

（3）按刀架数量分类　如图 3-9 所示，根据刀架数量可分为双刀架数控车床和单刀架数控车床

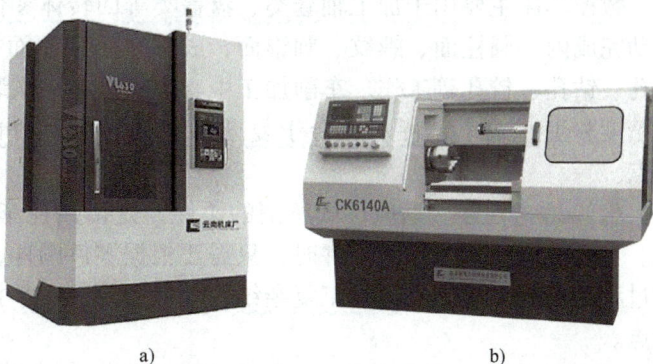

a)　　　　　　　　b)

图 3-8　按车床主轴位置分类

a）立式数控车床　b）卧式数控车床

两类。

a)   b)

图 3-9　按刀架数量分类
a) 双刀架数控车床　b) 单刀架数控车床

（4）按功能分类　如图 3-10 所示，根据功能可分为经济型数控车床和车削加工中心两类。

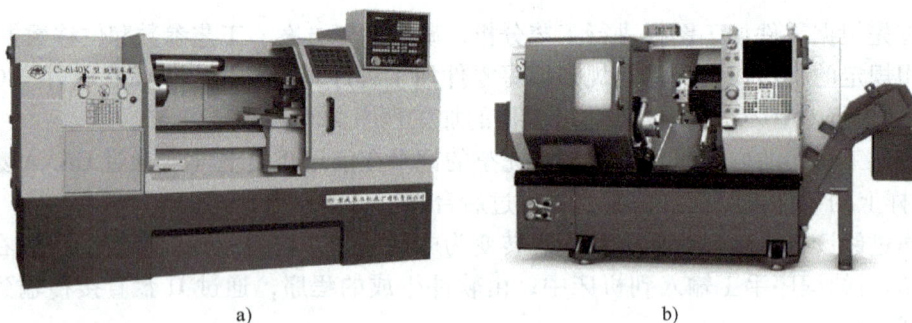

a)   b)

图 3-10　按功能分类
a) 经济型数控车床　b) 车削加工中心

3. 数控车床的加工特点

数控车床主要用于加工轴套类、盘盖类等回转体零件。通过数控加工程序的运行，可以自动完成内外圆柱面、螺纹、圆锥面、成型表面和端面等工序的切削加工，并能进行车槽、扩孔、钻孔、铰孔等工作。车削加工中心更可以在一次装夹中完成更多的加工工序，提高加工精度和生产效率，特别适合于复杂形状回转类零件的加工。综合起来有以下几个加工特点。

（1）适应性强　适应性即所谓的柔性，是指数控车床随生产对象变化而变化的适应能力。当在机床上改变加工零件时，只需要根据零件图样，重新编制程序即可进行加工，且生产过程是自动完成的。可加工复杂结构零件的单件、小批量生产，这个是数控车床最突出的优点。

（2）精度高，质量稳定　数控车床在加工时，消除了操作者人为产生的误差。并通过补偿技术，可获得更高的加工精度，提高同一批零件生产的一致性，加工质量稳定。

（3）生产效率高　零件加工所需要的时间包括机动时间和辅助时间两部分。当操作者编制好程序后，只需要控制零件及零件的对刀，其余都由数控车床自动加工，节省了大量的时间。

（4）能实现复杂的运动　卧式车床在加工复杂曲线时，受操作者技术的限制，不能更好地加工出零件，而数控车床通过机床本身控制，能更好地加工出曲线，如公式曲线、球面等。

（5）良好的经济效益　数控车床虽然昂贵，但生产效率高，加工精度高，质量稳定，减少了废品率，使生产成本下降。

（6）有利于生产管理现代化　数控车床利用计算机控制，可以进行计算机辅助设计、制造以及管理一体化。

二、数控铣床

1. 数控铣床的基本工作过程（图 3-11）

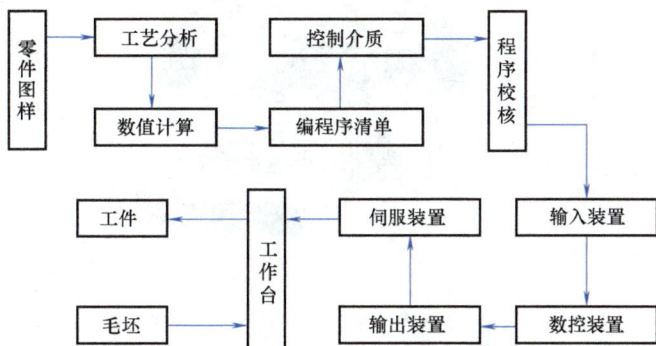

图 3-11　数控铣床的基本工作过程

将零件图样和工艺参数、加工步骤等以数字的形式，编成程序代码输入到机床控制系统中（可采用手工编制或应用 CAXA 制造工程师自动编程功能），再由其进行运算处理后转成驱动伺服机构的指令信号，从而控制机床各部件协调动作，自动加工出零件。当更换加工对象时，只需要重新编写程序代码，输入到机床，再进行对刀，即可由数控装置代替人的大脑和双手的大部分功能，控制加工的全过程，制造出任意复杂的零件。

2. 数控铣床的分类

（1）按主轴布置形式分类　如图 3-12 所示，按主轴布置形式分类可分为立式数控铣床、卧式数控铣床和数控龙门铣床。

（2）按数控系统功能分类　如图 3-13 所示，按数控系统功能分类可分为经济型数控铣床、全功能型数控铣床和数控高速铣床。

3. 数控铣床的加工特点

数控铣削加工除了具有普通铣床加工的特点外，还有以下特点：

1）零件加工的适应性强、灵活性好，能加工轮廓形状特别复杂或尺寸难以控制的零件。

2）能加工普通机床无法加工或很难加工的零件，如公式曲线零件以及三维空间曲面类零件。

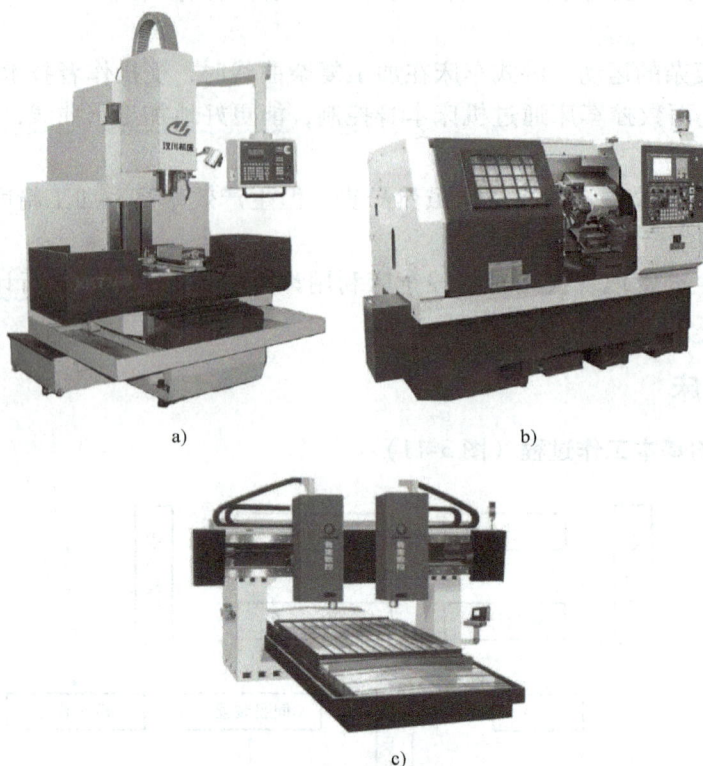

a)   b)

c)

图 3-12　按主轴布置形式分类

a）立式数控铣床　b）卧式数控铣床　c）数控龙门铣床

3）能加工一次装夹定位后，需进行多道工序加工的零件。

4）加工精度高、加工质量稳定可靠。

5）生产自动化程序高，可以减轻操作者的劳动强度。有利于生产管理自动化。

6）生产率高。

7）对刀具的要求较高，要求具有良好的抗冲击性、韧性和耐磨性。在干式切削状态下，还要求有良好的热硬性。

【任务实施】

1. 观察数控铣床和普通铣床的结构

在企业生产车间或实训工场，现场观察某数控铣床和普通铣床，比较两者之间的区别。

2. 比较数控车床和卧式车床加工相同零件的质量

在企业生产车间或实训工场，由指导教师提供一份相同的图样，让数控专业的学生分别用卧式车床和数控车床进行加工，比较两种机床加工出来的零件表面质量。

【学习小结】

本任务主要介绍了数控车床和数控铣床的基本工作原理、分类和加工特点，能简单识别数控车床和数控铣床的类型，并能判断出两种机床加工零件的特点。

a)   b)

c)

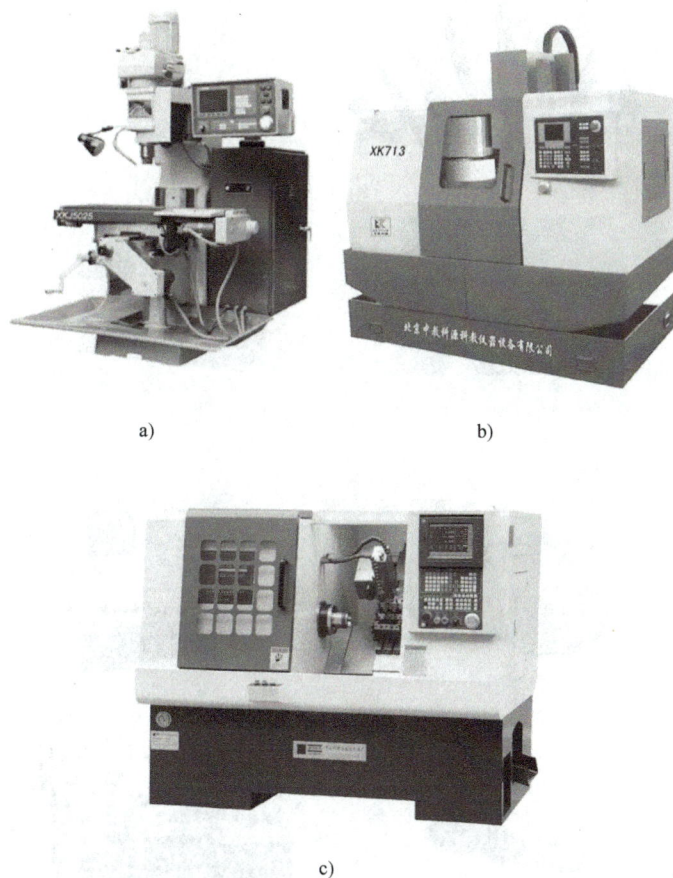

图 3-13　按数控系统功能分类

a）经济型数控铣床　b）全功能型数控铣床　c）数控高速铣床

【想想　练练　做做】

1. 判断图 3-14 所示各类数控机床的名称。

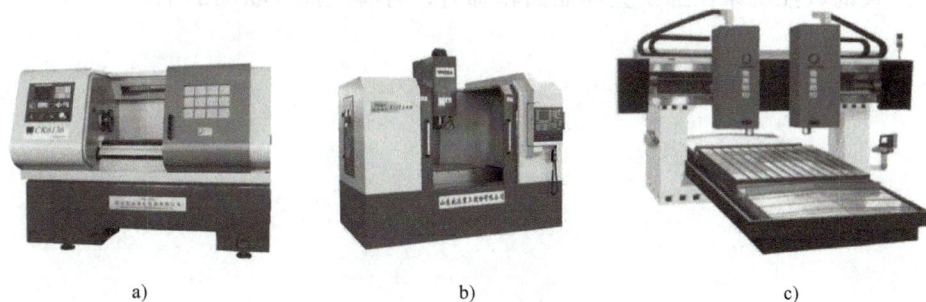

a)   b)   c)

图 3-14　数控机床

2. 根据图 3-15 左边的加工零件，连一连，应用右边哪种机床进行加工？

图 3-15　连接机床与加工零件

3. 上网查询数控铣床在加工立体曲面轮廓时，有哪些插补联动加工。

任务三　　了解数控机床的维护与保养

【任务要求】

- 数控机床维护与保养的目的和意义。
- 数控机床维护与保养的基本要求。
- 数控机床维护与保养的基本内容。

【任务引入】

观察图 3-16 所示的典型数控机床，购买于 2011 年 9 月，为什么 3 个月后就会出现导轨生锈的情况？是什么原因造成这样的情况？在平时该如何合理地使用机床？

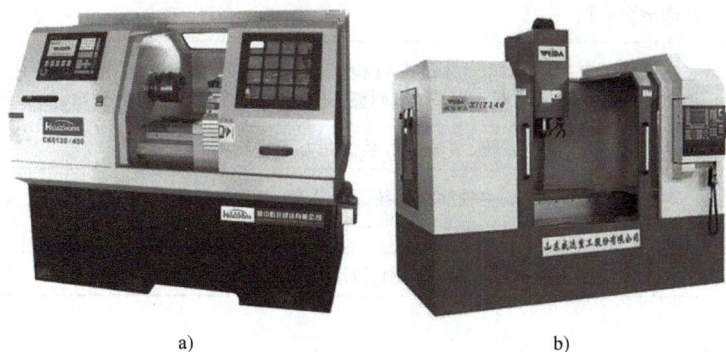

a)　　　　　　　　　　　　　　　b)

图 3-16　典型数控机床

【任务分析】

数控机床是一种综合运用自动控制技术、自动检测技术、计算机技术等先进技术的高新科技的产物。数控机床能否达到零件图样中所给出的加工精度，能否使产品质量稳定、提高生产率，与机床本身的精度和性能有密切的关系，根本原因在于操作者对数控机床能进行正确的维护和保养，延长元器件的使用寿命，延长机械部件的磨损周期，防止意外恶性事故的发生。

【相关知识】

一、数控机床维护与保养的目的和意义

数控机床具有适应性强、效率高、精度高等特点。机床各部件的故障率、使用寿命的长短，既取决于机床本身的精度和性能，也取决于操作者的正确使用和维护。正确使用机床，能防止设备非正常磨损，避免事故突发，延长无故障的工作时间，使设备保持良好状态，延缓报废进程。因此机床的维护和保养，最关键的是需要操作者的责任心，贯彻以防为主。

二、数控机床维护与保养的基本要求

1）在思想上要高度重视数控机床的维护与保养工作，尤其是对数控机床的操作者。

2）提高操作者的综合素质。

3）注意数控机床的使用环境。

4）严格遵循正确的操作规程。

5）尽可能提高新机床的开动率。

6）制定并且要严格执行数控机床管理的规章制度。

三、数控机床维护与保养的基本内容

预防性维护的关键是加强日常保养，数控机床主要的维护和保养工作见表3-4。

表3-4 数控机床的维护和保养

检查时间	检 查 内 容
日检	液压系统、主轴润滑系统、导轨润滑系统、冷却系统、气压系统
周检	机床零件、主轴润滑系统，应该每周对其进行正确的检查，特别是对机床零件要清除铁屑，进行外部杂物清扫
月检	主要是对电源和空气干燥器进行检查。电源电压在正常情况下额定电压180～220V，频率50Hz，如有异常，要对其进行测量、调整。空气干燥器应该每月拆一次，然后进行清洗、装配
季检	从机床床身、液压系统、主轴润滑系统三方面进行检查
半年检	对机床的液压系统、主轴润滑系统以及X轴进行检查，如出现故障，应更换新油，然后进行清洗工作
年检	检查并更换直流伺服电动机碳刷，清洗润滑液压泵、过滤器

【任务实施】

观察数控机床维护与保养情况

在企业生产车间或实训工场，观察数控机床的维护与保养情况，特别注意工作台面有没有清理干净和生锈等情况，并在专业人员指导下，现场打开机床侧面，观察V带的使用情况。

【学习小结】

本任务主要介绍了数控机床的维护与保养，并对数控机床的保养内容有一定的了解。

【想想 练练 做做】

1. 上网查询企业7S管理的主要内容。

2. 根据左边给出的检测内容，连一连右边的检测周期。

润滑油的更换　　　　　　　　　日检

电源电压　　　　　　　　　　　周检

压缩空气起源压力　　　　　　　月检

导轨润滑油箱的油量　　　　　　　季检

液压油的更换　　　　　　　　　　半年检

【任务拓展】

加 工 中 心

1. 定义

加工中心是由机械设备与数控系统组成的，适用于加工复杂形状工件的高效率自动化机床。与数控铣床相比，具备刀库，并能自动换刀，是对工件一次装夹后进行多工序加工的数控机床。

2. 工作原理

在数控铣床的基础上，多出一个刀库，数控系统控制机床按不同工序自动选择刀具、更换刀具、自动对刀、自动改变主轴转速、进给量等，可连续完成钻、镗、铰、铣、攻螺纹等多种工序，因而大大减少了工件装夹时间、测量和机床调整等辅助工序时间，对加工形状比较复杂、精度要求高、品种更换频繁的零件具有良好的经济效果。

3. 分类

（1）按加工工序分类　如图3-17所示，加工中心按照加工工序分类可分为镗铣加工中心和车铣加工中心。

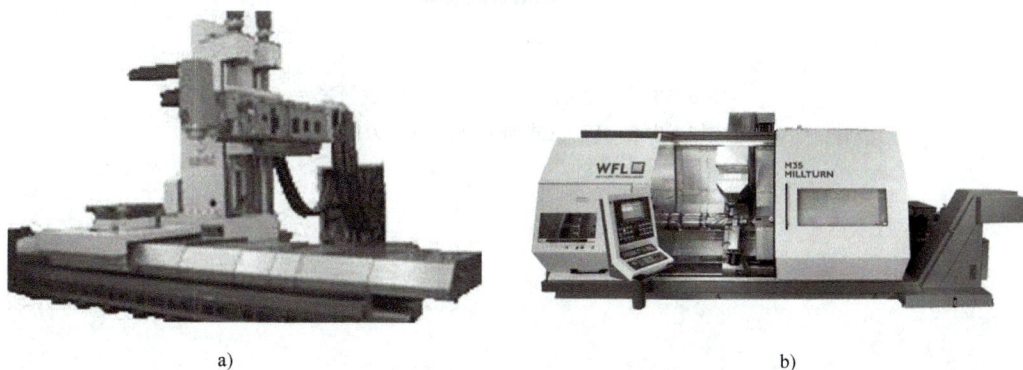

图3-17　按加工工序分类

a）镗铣加工中心　b）车铣加工中心

（2）按控制轴数分类　分为三轴、四轴、五轴加工中心。

1）三轴加工中心加工面仅为工件的顶面，其具有 X、Y、Z 三个线型位移轴。

2）四轴加工中心，在一次装夹可以加工四面体，在三轴的基础上，多了一个旋转轴，称为第四轴。

3）五轴加工中心，在一次装夹可以加工五面体，如果配置五轴联动的高档数控系统，还可以对复杂的空间曲面进行高精度加工。目前高档的加工中心正朝六轴、七轴控制的方向发展。

（3）按主轴与工作台相对位置分类　如图3-18所示，加工中心按照按主轴与工作台相对位置分类可分为卧式加工中心、立式加工中心和万能加工中心。

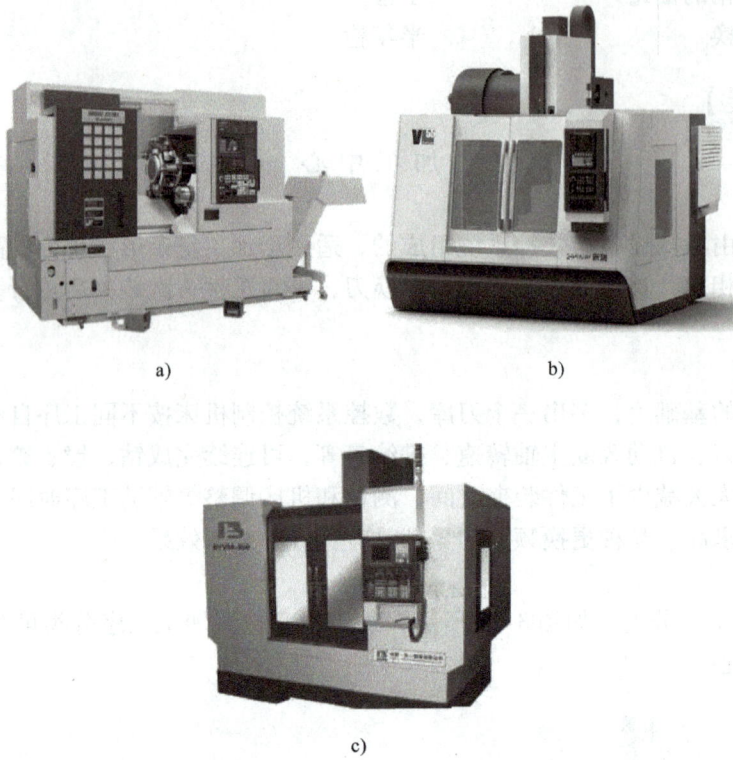

a)   b)

c)

图 3-18　按主轴与工作台相对位置分类
a）卧式加工中心　b）立式加工中心　c）万能加工中心

模块四

电 梯

【导　　读】

　　电梯是一种典型的机电一体化紧密结合的设备，它常在多层建筑中承担升降任务，配备箱状吊舱，用于乘运人员或者货物。电梯极大地便捷了人们工作和生活，它是人机完美相融的产品，在社会中应用广泛。电梯是一种电气设备和机械设备有机结合的成套设备，在各个场合中扮演着升降、起重和运输的角色。社会的发展，对于电梯的需求越来越大，电梯行业人才的紧缺也成为当前电梯行业发展面临的一大难题。

学 习 目 标

1. 能识别电梯的类型，掌握电梯的型号和重要参数。
2. 掌握电梯的机械系统、电气系统和安全保护系统的系统组成。
3. 了解电梯的基本电气控制原理。
4. 了解电梯的基本维护与保养。

任务一　　认识电梯

【任务要求】

- 电梯的发展史。
- 电梯的分类。
- 电梯的型号和重要参数。

【任务引入】

　　电梯已成为各个公众场合不可或缺的工具，不同的电梯承担不同的运输任务。观察图4-1所示的电梯，它们属于何种电梯，具备哪些特殊的任务要求？

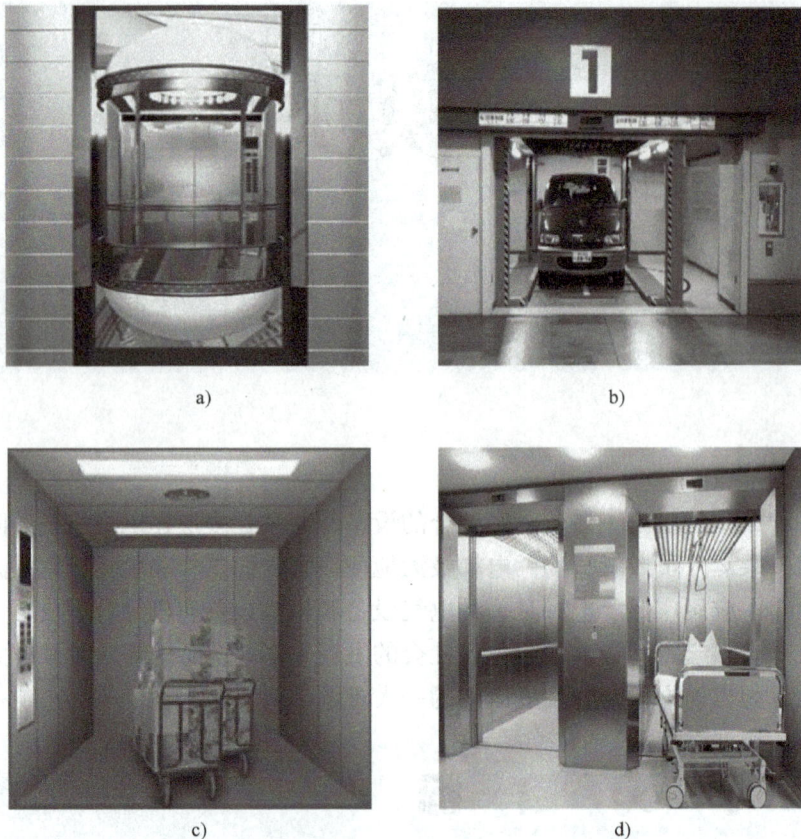

图 4-1 各类电梯

【任务分析】

随着社会的发展，电梯的结构日趋精密和完善，电梯的种类也日益繁多，以适应不同场合的不同需求。电梯已成为人们生活、工作不可或缺的升降工具。熟悉电梯的分类，了解电梯的型号及电梯的重要参数，是认识电梯的第一步。

【相关知识】

一、电梯的概念与发展史

1. 电梯的定义

电梯是一种通过动力驱动，让轿厢沿刚性导轨运行，从而进行人或货物的升降载运的设备。电梯是一套机电设备，通常包含了电气设备和机械设备。

2. 电梯的发展史

1852 年，美国纽约杨克斯的机械工程师奥的斯先生发明了世界上第一台安全升降机。它是以蒸汽机为动力、配有安全钳等安全装置的升降机，这就是安全电梯的雏形。19 世纪末期，美国奥的斯公司生产了世界上第一台以电力驱动为动力的升降机，现代意义上的电梯由此诞生。电梯发展至今，经过了多次变革。表 4-1 展示了电梯的发展史。

表4-1　电梯的发展史

年代	革新标志	发　展　简　介
1852年	蒸汽驱动	美国纽约杨克斯(Yonkers)的机械工程师奥的斯先生发明了世界第一台安全升降机
1878年	液压驱动	奥的斯公司安装了第一台水压式乘客升降机,显著地提升升降机的高度
1889年	电力驱动	奥的斯公司在纽约的第玛瑞斯特大楼成功安装了一台直接连接式升降机。这是以直流电动机为动力的世界第一台电力驱动升降机,从此诞生了名副其实的电梯
1902年	电力驱动	瑞士迅达电梯公司开发了自动按钮控制的乘客电梯
1903年	曳引驱动	奥的斯公司在纽约安装了第一台直流无齿轮曳引电梯
1924年	信号控制	奥的斯公司在纽约新建的标准石油公司大楼安装了第一台信号控制的电梯,这是一种自动化程度较高的有司机电梯
1976年	曳引驱动	日本富士达公司开发了速度为10.00m/s的直流无齿轮曳引电梯
1979年	微处理器电气控制	奥的斯公司开发了第一台基于微处理器的电梯控制系统,从而使电梯电气控制进入一个崭新的发展时期
1983年	变压变频驱动	日本三菱电机有限公司开发了世界上第一台变压变频驱动的电梯
1996年	永久磁铁电机驱动	芬兰通力电梯公司发布了革新设计的无机房电梯,由永久磁铁电机驱动。电机固定在井道顶部侧面的导轨上,由钢丝绳传动牵引轿厢

中国电梯发展也经历一些重要的时期。

1）1935年,位于上海的南京路、西藏路口9层高度大新公司（当时上海南京路上四大公司——先施、永安、新新、大新公司之一,今上海第一百货商店）安装了2台奥的斯公司的2台轮带式单人自动扶梯。这2台自动扶梯安装在铺面商场至2楼、2楼至3楼之间。这2台自动扶梯被认为是我国最早使用的自动扶梯。

2）1952年,上海交通大学设置起重运输机械制造专业,除开设各类起重运输机械课程外,还专门开设了电梯与自动扶梯课程。

3）1977年,我国第一机械工业部（重工业部）起重机械研究所主持研制出液压电梯。

4）1980年,瑞士迅达与中国的建设部机械总局、香港怡和迅达合资成立了中国第一家合资企业——中国迅达电梯有限公司,开始了中国电梯企业合资的浪潮。随后美国奥的斯、日本三菱、日本日立、芬兰通力、德国蒂森、韩国LG等相继在中国寻找合作伙伴成立合资企业。这些合资企业把国际上先进的电梯技术、设计理念、制造工艺等带给了中国的电梯企业,形成现在中国电梯市场各家纷争的竞争与发展状态。

二、电梯的分类

1. 常见分类方法

依据不同的驱动方式、用途和速度,电梯的种类繁多,表4-2罗列了电梯的一些分类。

表 4-2　电梯的分类

大类	细分类	含　义	图示
按驱动方式分类	强制驱动	齿轮齿条式的强制驱动,主要用于建筑工地(速度不高,振动和噪声大)	
	液压驱动	轿厢上升靠液压缸推动,下降靠轿厢自身和载重的重量	
	曳引驱动	利用曳引钢丝绳和曳引轮缘上的绳槽之间的摩擦来传递力	
按电梯用途分类	乘客电梯	以运送乘客为主,轿厢设计较人性化,轿厢形状较为宽敞	
	观光电梯	轿厢通常采用玻璃,以适合乘客观光,为了不使乘客有眩晕的感觉,观光电梯一般速度较低	

（续）

大类	细分类	含　义	图示
按电梯用途分类	载货电梯	以运货为主,也可以载运人员。轿厢一般坚固,容量较大,而运载速度较低	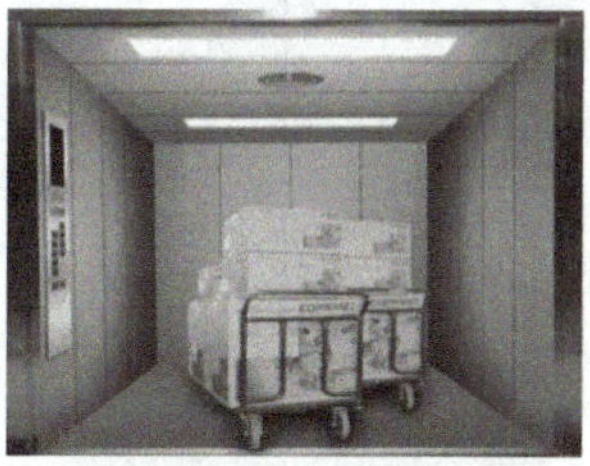
	汽车电梯	以载运汽车为主,可以载货。大载重,速度较慢,轿厢面积尺寸符合运载汽车的要求	
按速度分类	低速电梯	速度小于1m/s	
	中速电梯	速度在 1～2m/s 之间	
	高速电梯	速度在 2～4m/s 之间	

（续）

大类	细分类	含义	图示
按速度分类	超高速电梯	速度大于4m/s	

2. 其他分类方法

依据不同的用途，电梯还可以进行其他一些分类。

（1）按控制方式分类

1）手柄开关控制，自动门电梯。

2）手柄开关控制，手动门电梯。

3）按钮控制，自动门电梯。

4）按钮控制，手动门电梯。

5）信号控制电梯。

6）集选控制电梯。

7）并联控制电梯。

8）梯群控制电梯。

9）微机控制电梯。

（2）按操作方式分类

1）无驾驶人电梯。

2）有驾驶人电梯。

3）有/无驾驶人电梯。

（3）按特殊功能分类

1）消防员电梯：消防员专用的电梯。

2）斜（弧）行电梯：用于有斜坡、斜度或弧度的建筑物内。

3）IP电梯：用于存在粉尘和潮湿的场所，如大坝、电站、核岛内等。

4）防腐蚀电梯：用于有腐蚀性气体、液体或粉尘的场所。

（4）按机房的位置分类

1）机房上置式。

2）机房下置式。

3）无机房。

三、电梯的型号和主要参数

1. 电梯的型号

如图4-2所示，电梯、液压梯产品的型号由类、组、型、主参数和控制方式等三部分组成。

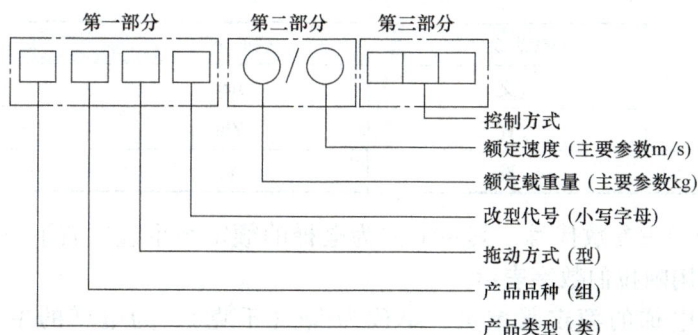

图 4-2 电梯型号

（1）第一部分 类、组、型和改型代号。类、组、型代号用具有代表意义的大写汉语拼音字母（字头）表示，产品的改型代号按顺序用小写汉语拼音字母表示，置于类、组、型代号的右下方。

第一方格：产品类型代号（表4-3），在电梯、液压梯产品中，取"梯"字拼字字头"T"，表示电梯、液压梯"梯"产品。

电梯的主要参数表明某种电梯的特性的量或形式。

第二方格：产品品种代号（表4-4），即电梯的用途。K 表示乘客电梯的"客"，H 为载货电梯的"货"，L 表示客货两用的"两"等。

第三方格：产品的拖动方式代号（表4-5），指电梯动力驱动类型。当电梯的曳引电动机为交流电动机，则可称其为交流电梯，以 J 表示"交"。曳引电动机为直流电动机时，可称为直流电梯，以 Z 表示"直"。对于液压电梯用 Y 表示"液"。

第四方格：为改型代号，以小写字母表示，一般冠以拖动类型调速方式，以示区分。

表 4-3 产品类型代号

产品类型	代表汉字	拼 音	采用代号
电梯	梯	T1	T
液压梯			

表 4-4 产品品种代号

产品品种	代表汉字	拼 音	采用代号
乘客电梯	客	Ke	K
载货电梯	货	Huo	H
客货（两用)电梯	两	Liang	L
病床梯	病	Bing	B
住宅电梯	住	Zhu	Z
杂物电梯	物	Wu	W
船用电梯	船	Chuan	C
观光电梯	观	Guan	G

表4-5　拖动方式代号

拖动方式	代表汉字	拼　音	采用代号
交流	交	Jiao	J
直流	直	Zhi	Z
液压	液	Ye	Y

（2）第二部分　主参数代号，其左上方为电梯的额定载重量，右下方为额定速度，中间用斜线分开，均用阿拉伯数字表示。

第一圆圈表示电梯的额定载重量，单位为 kg（千克），为电梯的主参数。有 400kg、800kg、1000kg、1250kg 等。

第二圆圈表示电梯的额定速度，单位为 m/s（米/秒）。有 0.5m/s、0.63m/s、0.75m/s、1m/s、1.5m/s、2.5m/s 等。

（3）第三部分　表示电梯的控制方式，用具有代表意义的大写汉语拼音字母表示。具体见表4-6。

表4-6　控制方式代号

品种	代表汉字	采用代号
手柄开关控制,自动门	手、字	SZ
手柄开关控制,手动门	手、手	SS
按钮控制,自动门	按、自	AZ
按钮控制,手动门	按、手	AS
信号控制	信号	XH
集选控制	集选	JX
并联控制	并联	BL
梯群控制	群控	QK

电梯产品型号示例：

TKJ 1000/1.6 - JX

表示交流乘客电梯。额定载重量为 1000kg，额定速度为 1.6m/s，集选控制。

2. 电梯的主要参数

电梯的主要参数包括：

1）电梯的额定载重量：电梯正常运行情况下的载重量。

2）载客人数：电梯正常运行时，载客的人数。

3）额定运行速度：电梯正常运行时，运行的速度。

4）轿厢尺寸：高×宽×深。

5）门的形式：左右单折对开式、左右双折对开式、双折上开式、双折侧开式等。

6）运行方式：分层次运行或单双层运行等模式。

7）停靠站数量：电梯在建筑物中停靠站的数量。

8）总的提升高度：电梯从最底层地面到最高层地面的高度。

9）电梯的层站高度：电梯楼层间的高度。

10）电梯的装饰：包括灯具、电扇、电话、光电保护等。

11）电梯的呼叫方式、召唤按钮、电梯位置指示灯的位置、呼叫截梯方法。

【任务实施】

1. 观察电梯的型号和参数

到某一公共场所（高楼建筑），判断其电梯类型，并查看电梯上的铭牌，分析其型号，并判断是否与自己所学知识一致，查看铭牌上标识的参数，分析其含义。

2. 观察不同类别电梯的特点

在各种公共场合，收集不同类别电梯的型号类型，并观察各个电梯的特点，比较分析各类电梯在不同的应用场合中的作用，如载货电梯、医用电梯、消防电梯等，它们在各自的场合中有什么特殊要求。

【学习小结】

本任务主要介绍了电梯的发展史，根据不同的使用场合和使用性质，介绍了电梯的分类，另外，本任务对电梯的型号命名规则进行了详细的描述，并介绍了电梯的一些重要参数。

【想想　练练　做做】

1. 根据电梯的用途区分图 4-3 所示电梯的类型。

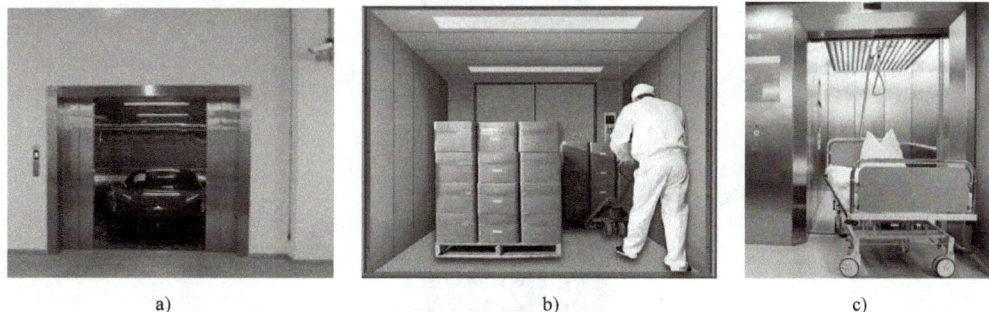

a)　　　　　　　　　　　b)　　　　　　　　　　　c)

图 4-3　电梯类型

2. 分析下面电梯型号的含义

$$K\ 6000—1250/2.5$$

3. 简述设计一部观光电梯需要有哪些特殊要求。

4. 解释电梯的总的提升高度和层站高度。

任务二　了解电梯的机械、电气和安保系统

【任务要求】

- 电梯的机械系统。
- 电梯的电气系统。
- 电梯的安全保护系统。

【任务引入】

一部完整的电梯是由多种电气设备和机械设备组成的，观察图4-4所示电梯结构，分析构成一部电梯，需要有哪些基本装置？电梯肩负着人或货物的升降运输任务，哪一部电梯在运行过程中需要考虑安全措施？

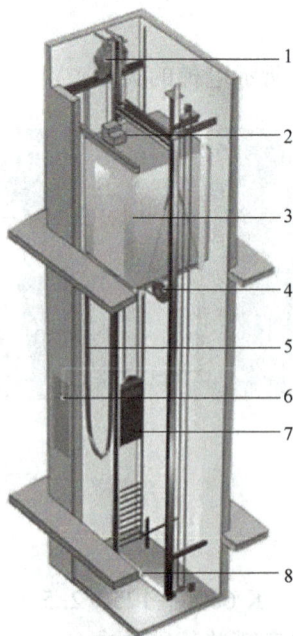

图 4-4　电梯结构图

1—曳引机　2—自动检修装置　3—轿厢　4—导向轮　5—电缆　6—呼梯　7—对重块　8—轿厢缓冲装置

【任务分析】

一部电梯包含了电气设备和机械设备，各种设备有机结合，它是人、机、社会完美融合的产品。电梯在高层建筑、工厂、超市等场合承担着重要的升降任务，其安全性和可靠性显得尤为重要。也因此电梯成为国家规定的特种设备之一。电梯的机械系统是电梯的"骨架"，电梯的电气系统是电梯的"大脑"，另外，电梯还有电梯安全保护系统，它是电梯安全运行的保障，了解这三大系统的组成和运行，才能够了解电梯的运行规律。

一、电梯的结构

电梯包含机械系统、电气系统和安全保护系统三大系统（图4-5、图4-6）。机械系统包含曳引系统、导向系统、轿厢系统、重量平衡系统和门系统。电气系统包含电力拖动系统和电气控制系统。

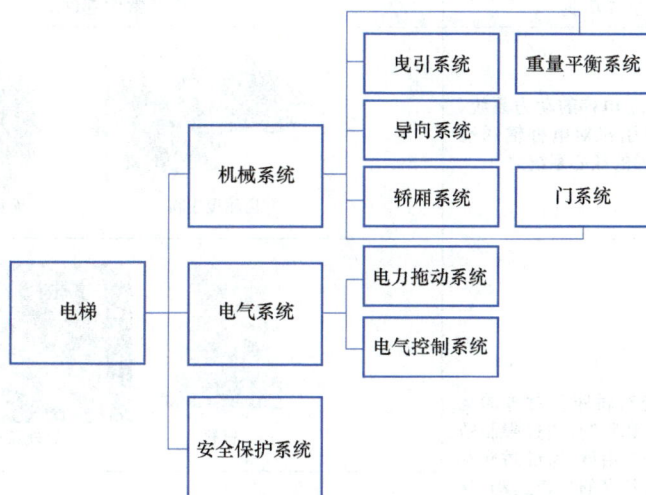

图4-5　电梯系统

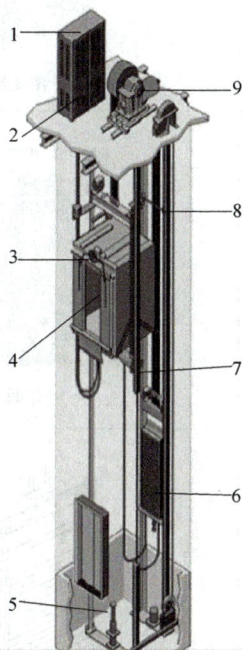

图4-6　电梯的系统结构

1—电气控制系统　2—电力拖动系统　3—门系统　4—轿厢系统　5—缓冲器　6—重量平衡系统

7—安全保护系统　8—导向系统　9—曳引系统

二、电梯的机械系统

电梯的机械设备构成电梯的基本架构，其机械系统各组成部分的主要功能和常用部件见表 4-7。

表 4-7　电梯机械系统各组成部分的主要功能和常用部件

名　称	主要功能	常用部件
曳引系统	曳引系统是电梯的动力系统，主要通过曳引机对电梯输送动力，它是电梯的核心系统之一	 齿轮曳引机　　　无齿轮曳引机
导向系统	导向系统对轿厢和对重的运动进行引导和限制，通过限制轿厢和对重的自由度，保证轿厢和对重只沿着各自的导轨运动，保证了电梯在运行过程中的稳定性	 导轨　　　导轨架构 滚动导靴　　　刚性滑动导靴
轿厢系统	电梯的轿厢为具有门装置的箱形结构，用于运载人员或货物。轿厢由轿厢体和轿架组成，轿架将轿厢的载重传递给曳引钢丝绳，轿厢体构成一个封闭的箱体空间	 轿厢　　　轿架
重量平衡系统	重量平衡系统维持了电梯的平衡，系统的作用是使对重和轿厢保持相对平衡，即便是轿厢载重发生变化，重量平衡系统通过补偿装置，使得对重和轿厢的重量差保持在较小的范围内，确保电梯的曳引动力系统正常平稳运行	 对重　　　对重架

名　称	主要功能	常用部件
门系统	电梯门分为两种门,一种为轿厢门,安装在轿厢的入口处;另一种为层门,安装在井道入口站处。层门和轿厢门由门、导轨架、滑轮、门框等部件组成。不同的应用场合中,层门和轿厢门的结构形式也不同,如乘客电梯多采用中分轿门,载货电梯多用旁开轿门,汽车电梯多采用垂直滑动轿门	中分轿门 旁开轿门

1. 曳引系统

曳引系统是电梯的动力系统,为电梯提供动力,曳引系统包括曳引机、曳引钢丝绳、导向轮和反绳轮等（图4-7）。

（1）曳引机　曳引机是曳引系统的核心设备,它为电梯提供动力,使得电梯系统能够运作（图4-8）。曳引机由电动机、制动器、联轴器、减速器和机架等部件组成（图4-9）。根据有无减速器进行分类,曳引机可以分为有齿轮曳引机和无齿轮曳引机。

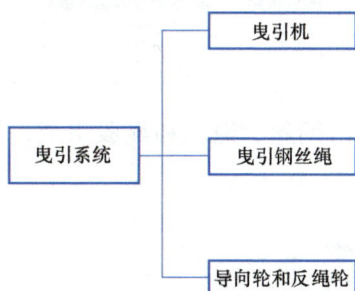

图4-7　曳引系统的组成

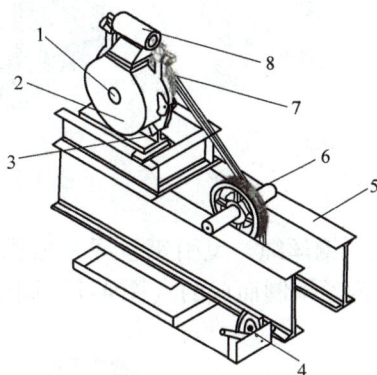

图4-8　曳引机的结构
1—编码器　2—永磁同步电动机　3—曳引机底座
4—限速开关　5—工字钢承重梁　6—绳轮
7—曳引轮和制动轮　8—制动系统（抱闸）

1）有齿轮曳引机:根据蜗杆的位置分类,分为上置式曳引机（图4-10）和下置式曳引机（图4-11）。

61

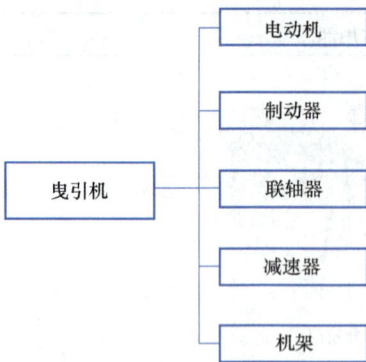

图 4-9　曳引机的组成　　　　图 4-10　上置式曳引机　　　　图 4-11　下置式曳引机

2）无齿轮曳引机：相比于有齿轮曳引机，无齿轮曳引机去除了减速装置，它的典型代表是永磁同步曳引机，随着驱动技术的发展，永磁同步曳引机成为电梯曳引系统的主流，它具有体积小、易于控制、噪声低、精度高等特点，未来的电梯动力系统也将向永磁同步曳引系统的方向发展（图 4-12）。

图 4-12　无齿轮曳引机

（2）曳引钢丝绳　曳引钢丝绳一般采用圆形结构，由钢丝、绳芯和绳股组成，钢丝绳股是由多根钢丝捻制而成的（图 4-13 和图 4-14）。

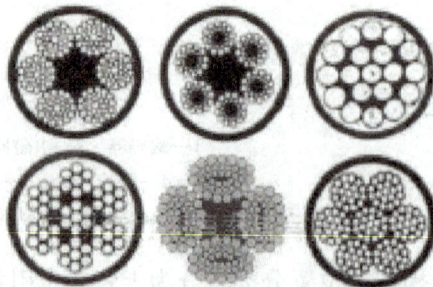

图 4-13　曳引钢丝绳的结构

图 4-14 曳引钢丝绳实物

曳引钢丝绳头通常需要与其他一些构件组合连接，通常绳头的连接方法有自锁式绳套法（图 4-15）和合金固定法等。

图 4-15 自锁式绳套

（3）导向轮和反绳轮 导向轮和反绳轮都是搭载曳引绳的圆轮。导向轮（图 4-16）的作用是将连接轿厢和对重的曳引钢丝绳引导到合适的位置。反绳轮一般装在轿顶，减小曳引机的输出功率。

2. 导向系统

导向系统通过限制轿厢和对重的自由度，让对重和轿厢都运行在自己的轨道上，使得轿厢和对重都能够平稳地运行。电梯导向包含对重导向和轿厢导向两种导向。无论哪一种导向都包含了导轨、导靴和导靴架（图 4-17～图 4-22）。导轨是电梯运行的轨道。

图 4-16 导向轮

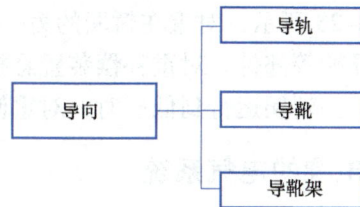

图 4-17 导向的构成

3. 重量平衡系统

重量平衡系统的作用是使对重和轿厢保持相对平衡，即便是轿厢载重发生变化，重量平衡系统通过补偿装置，使得对重和轿厢的重量差保持在较小的范围内，确保电梯的曳引动力系统正常平稳运行。重量平衡系统包含了对重装置和对重补偿装置。

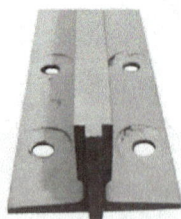

图 4-18　导轨

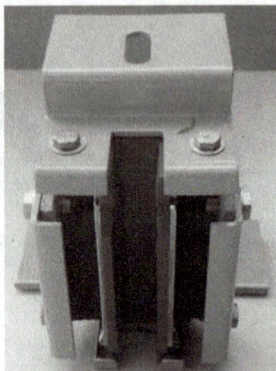

图 4-19　滑动导靴

图 4-20　滚动导靴

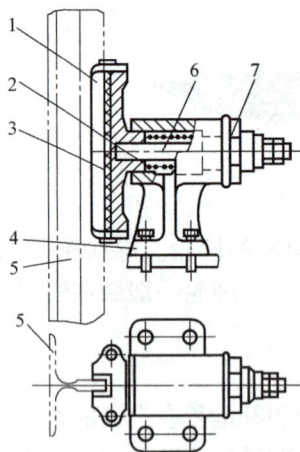

图 4-21　滑动导靴结构图

1—靴头　2—弹簧　3—尼龙靴衬　4—靴座
5—导轨　6—靴轴　7—调节套

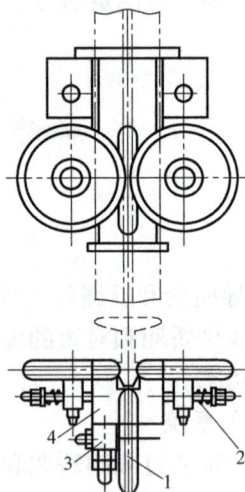

图 4-22　滚动导靴结构图

1—滚轮　2—弹簧　3—摇臂　4—靴座

如图 4-23 所示，对重在轿厢的另一侧，起到平衡轿厢的作用，对重装置包含了对重架、对重块和导靴等部件。对重补偿装置悬挂在轿厢底和对重底，当轿厢运行到高层，轿厢侧重量将增大，当轿厢运行到低层时，对重侧的重量将加大，进而起到了对重补偿的作用。

三、电梯的电气系统

电梯的电气系统分为电力拖动系统和电气控制系统两种。电力拖动系统分为直流电动机拖动、交流电动机拖动和永磁同步电动机拖动。目前的电气控制系统有继电器控制、PLC 控制和微机控制，如图 4-24 所示。

电梯的电力拖动系统控制电梯起动、运行和停止，电梯的电气控制系统接收各类电梯的信号指令，通过电梯的"大脑"，处理各类指令，并通过变频器和编码器来实现曳引机的速度调节。

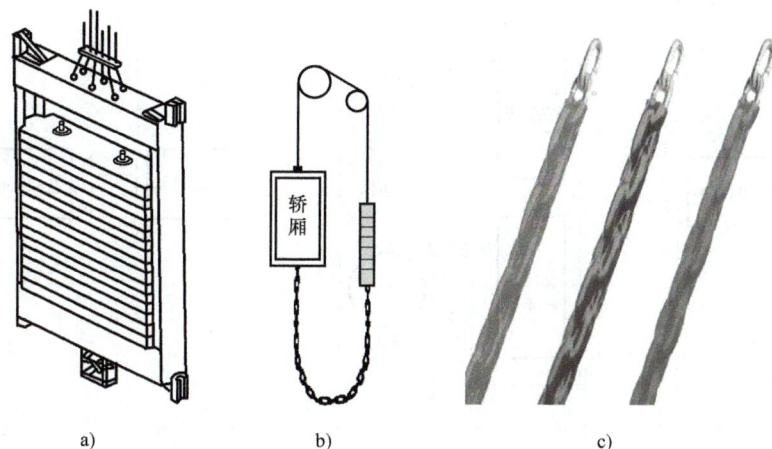

图 4-23　重量平衡系统装置

a）对重　b）对重补偿装置　c）补偿链

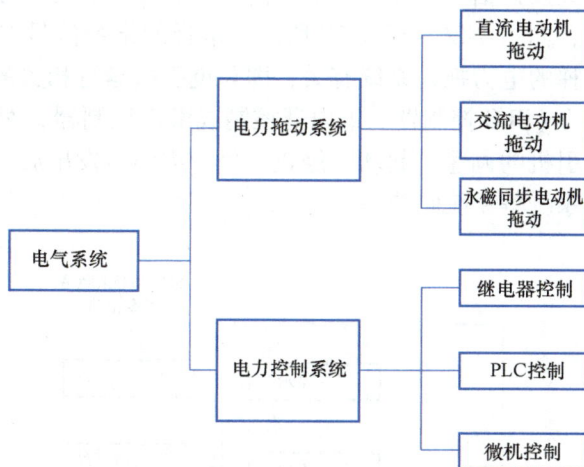

图 4-24　电气系统

1. 电力拖动系统

电力拖动系统为电梯的动力系统，电梯通过电力拖动系统进行起动加速、制动减速和平稳运行的控制。电梯起停时的加减速性能、乘坐舒适度和平层精度是衡量电梯电力拖动系统优劣的重要指标。

以交流（直流）电动机为动力拖动各个生产机械的系统，称为交流（直流）电气拖动系统。

电梯电力拖动系统由供电系统、速度反馈装置、曳引电动机和传动机构组成（图 4-25）。电梯电力拖动系统主要是对电梯曳引机和门机的起动、减速、停止和运行方向进行控制。

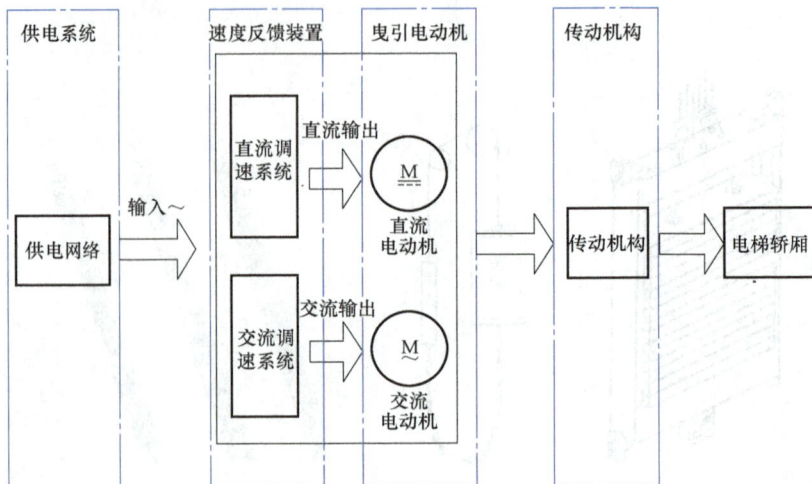

图 4-25　电梯电力拖动系统构成图

2. 电气控制系统

电梯的控制系统是对各种指令信号的控制管理，这些指令信号包含了曳引机和门机的起动信号、运行方向、开关按钮信号（减速、停止信号）、锁门信号、层间显示、轿内指令、层站召唤、安全保护等，如图 4-26 ~ 图 4-28 所示。电梯的指令信号严格按意义划分，可分为两类信号，一类与电梯的电力拖动系统有关，即与曳引机运行相关的信号，该类信号发出后，交给电梯的"大脑"（PLC 控制器、继电器控制或微机控制器）处理，PLC 控制器通过变频器和编码器控制曳引机的调速、起动、停止。另一类信号发出后，PLC 控制器直接作用于目标对象，使得轿厢系统等系统响应。

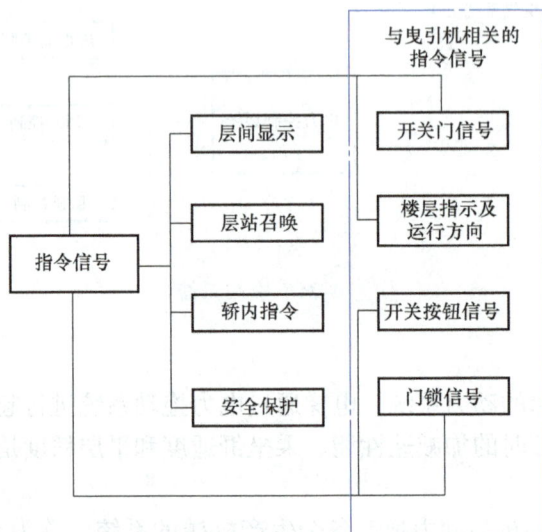

图 4-26　指令信号类型

目前电梯的控制器主要为 PLC 控制器、继电器控制器和微机控制器。电梯控制电路主板如图 4-29 所示。

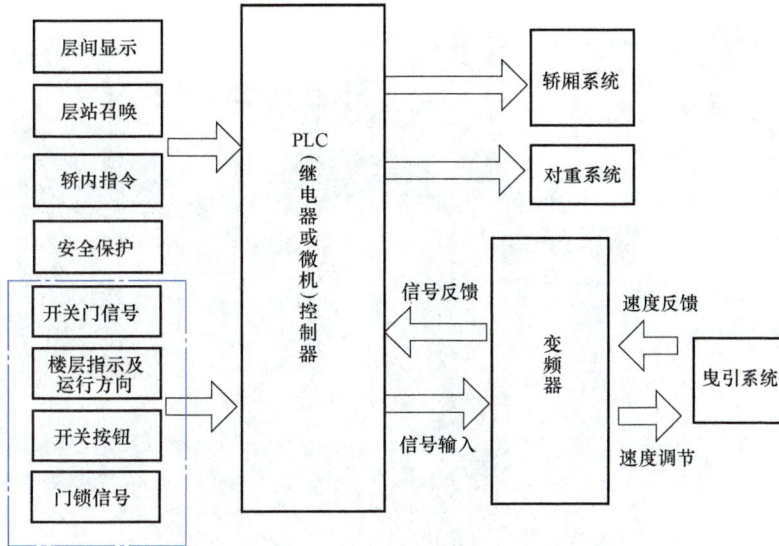

图 4-27　控制电路工作原理

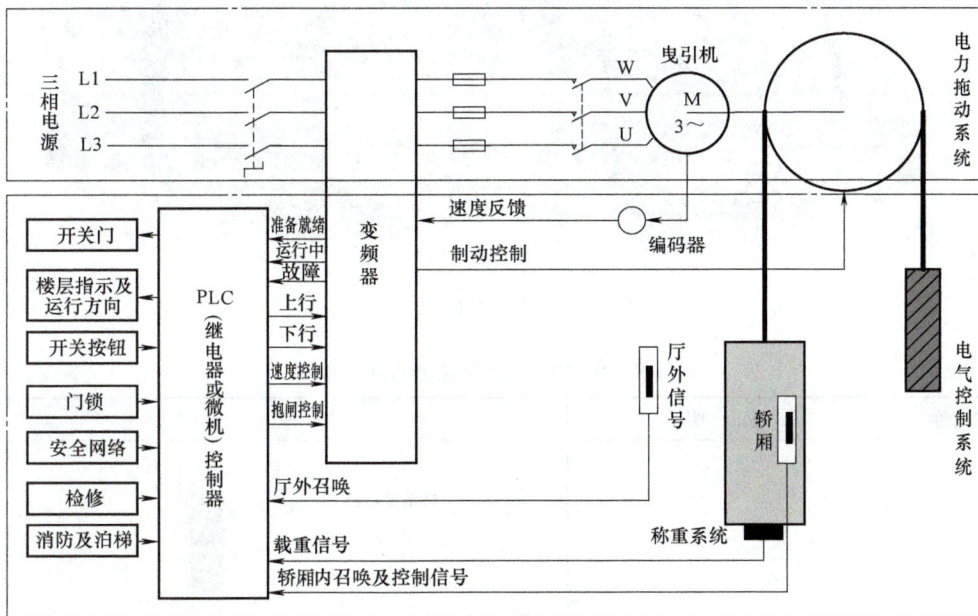

图 4-28　电气控制系统构成图

电气控制系统的硬件设备包含了操纵箱、控制柜、指层灯箱、限位装置、轿顶检修箱等部件，各部件说明见表4-8。

四、电梯的安全保护系统

如图 4-30 所示，电梯安全保护系统由多个保护装置组成，这些保护装置在不同的故障情况下发挥作用，以保护电梯的安全运行。这些装置包括限速器、安全钳、夹绳器、缓冲器和其他保护装置，其功能见表4-9。

图 4-29　电梯控制电路主板

表 4-8　电梯电气控制系统的硬件设备

设备名称	说　明	图　示
操作箱	每层电梯门的旁边都会有层站显示器、操作箱、召唤盒和选层器，以供乘客操作	

（续）

设备名称	说　明	图　示
控制柜	控制柜是电梯电气控制系统的"大脑"。电梯控制柜是用于控制电梯运作,通常放置在电梯机房内,无机房的电梯控制柜放置在井道	微机板 急停、检修等开关 变频器 接触器 相序继电器
限位装置	限位开关一般安装在电梯井道的最上端和最下端,用于减速和控制电梯停止	
轿顶检修箱	轿顶检修箱有四个开关,急停、慢上点动检修运行按钮、慢下点动检修运行按钮和转换开关。急停开关为红色,用于紧急时停止电梯运行、慢上、慢下点动检修运行按钮用于检修状态上、下运行。转换开关用于正常运行和检修运行的状态转换	急停　慢上　慢下　正常　照明 开 检修 关

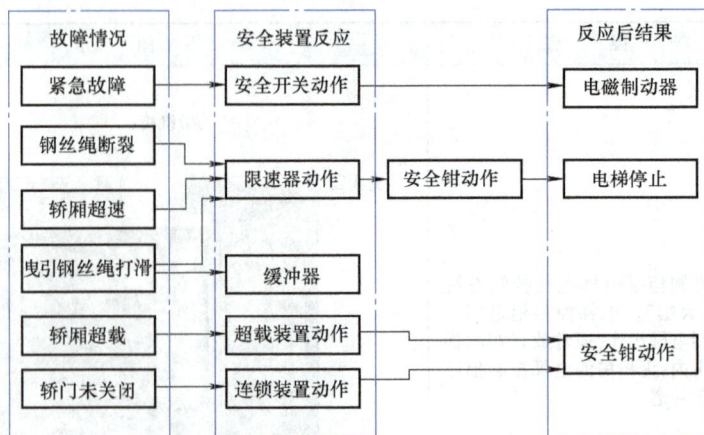

图 4-30　电梯安全保护系统关联图

表 4-9　电梯安全保护系统的组件

组件名称	作用简介	设备图形
限位器	限速器随时监测电梯运行速度,出现超速时,及时发出信号,继而产生机械制动。限速器被触发后先切断控制电路,利用曳引机制停轿厢	 1—电气开关　2—甩块　3—触杆　4—绳轮　5—弹簧 6—压杆　7—压块　8—制动轮　9—底板
安全钳	安全钳体多装于轿厢架底梁或立柱上,安全钳的作用是在轿厢承受冲击严重时,在制停过程中楔块或其他形式的卡块将迅速地卡入导轨表面,从而使轿厢瞬间停止	 1—拉杆　2—安全钳座　3—轿厢下梁　4—钳块 5—导轨　6—盖板

（续）

组件名称	作用简介	设备图形
夹绳器	该装置应作用于轿厢、对重、钢丝绳系统（含曳引钢丝绳或补偿绳）、曳引轮位置上	
缓冲器	有时电梯在运行中，由于安全钳失效、曳引机出现机械故障、控制系统失灵等原因，轿厢（或对重）超越终端层站底层，并以较高的速度撞向缓冲器，缓冲器起到缓冲作用，以避免电梯轿厢（或对重）直接撞底或冲顶，保护乘客或运送货物及电梯设备的安全	 1—缓冲垫　2—柱塞　3—复位弹簧　4—缸体 5—缓冲器油　6—油孔（槽）

【任务实施】

1. 观察电梯的外观结构

在公共场所，现场观察某电梯，观察电梯门类型、轿厢结构，层站显示器、召唤盒和选层器等能够观察的结构，了解电梯的外观架构。

2. 观察电梯的机械系统部件

在电梯企业生产车间或实训工场，经企业专业人员的指导，观察轿厢、轿架、门架构、对重、曳引机、导轨、导靴等电梯的机械部件，了解电梯的基本机械架构，对电梯包含的机械子系统有较为直观的了解。

3. 观察电梯的电气系统

在电梯企业生产现场或实训现场，经电梯工程师的陪同，完成曳引机类型的识别判断，了解电梯的电力拖动原理。在专业人员的帮助下，打开电梯的控制柜，观察电梯的控制电路主板，了解电梯的电气控制原理。

【学习小结】

本任务介绍了电梯的基本结构，包含了机械系统，电气系统和安全保护系统。机械系统包含曳引系统、导向系统、轿厢系统、重量平衡系统和门系统，并介绍了曳引机、轿厢和对重等重要的机械装置。电气系统包含了电力拖动系统和电气控制系统，概述了电梯的电力拖动原理和电梯的电气控制原理，介绍了构成电气系统的一些重要设备，如操作箱、控制柜、限位装置、轿顶检修箱。最后，本任务介绍了构成安全保护系统的基本装置，包含了限位器、安全钳、夹绳器和缓冲器等安全装置。

【想想 练练 做做】

1. 判断图 4-31 所示内容是何种电梯装置，并简述其用途。
2. 简述电梯包含哪些系统，它们分别由哪些装置组成，在电梯运行中起到何种作用。
3. 简述图 4-27 所示电梯控制电路的基本工作原理。
4. 电梯的安全保护系统包含了哪些装置，它们分别起到什么样的保护作用？

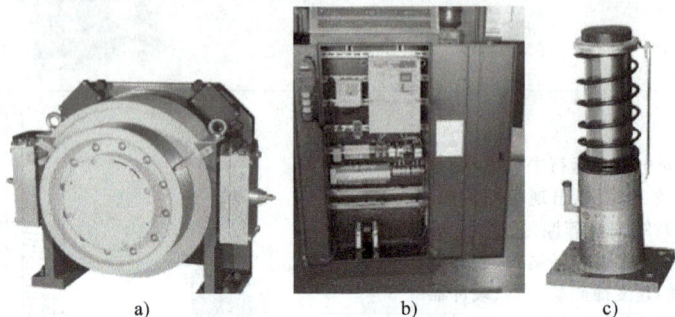

a)   b)   c)

图 4-31 电梯设备装置

任务三   了解电梯的使用管理和维护

【任务要求】

- 电梯的使用管理规定。
- 电梯的维护保养。

【任务引入】

电梯作为重要的机电设备，在各种场合中承担着重要的升降运输任务，电梯的使用管理和维护保养也是学习电梯的一项重要内容，观察身边的电梯，都会张贴哪些告示牌（图 4-32）？电梯需要进行哪些方面的维护与保养（图 4-33）？

【任务分析】

电梯是国家规定的特种设备之一，它的安全运行关乎乘客的生命安全以及公共财产的安全，为此，电梯在使用过程中须遵循使用管理规定，才能长时间保证电梯的正常工作，另外，电梯的维护和保养是电梯管理的重要内容，电梯需要进行定期的维护和保养，才能有效地保障乘客生命及财产安全。

一、电梯的使用管理与维护及保养

1. 电梯的使用管理

电梯的使用管理包含以下内容：

图 4-32　电梯的使用告示牌

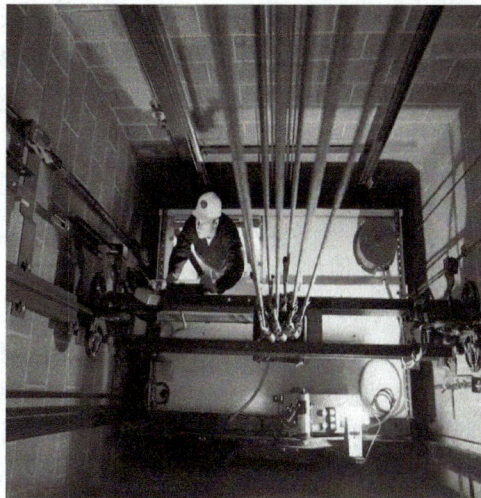

图 4-33　电梯的维护与保养

1）保持电梯紧急报警装置能够随时与使用单位安全管理机构或者值班人员实现有效联系。

2）在电梯轿厢内或者出入口的明显位置张贴有效的"安全检验合格"标志。

3）将电梯使用的安全注意事项和警示标志置于乘客易于注意的显著位置。

4）在电梯显著位置标明使用管理单位名称、应急救援电话和维保单位名称及其急修、投诉电话。

5）医院提供患者使用的电梯、直接用于旅游观光的速度大于2.5m/s的乘客电梯，以及采用驾驶人操作的电梯，由持证的电梯驾驶人操作。

6）制定出现突发事件或者事故的应急措施与救援预案，学校、幼儿园、机场、车站、医院、商场、体育场馆、文艺演出场馆、展览馆、旅游景点等人员密集场所的电梯使用单位，每年至少进行一次救援演练，其他使用单位可根据本单位条件和使用电梯的特点，适时进行救援演练。

7）电梯发生困人时，及时采取措施，安抚乘客，组织电梯维修作业人员实施救援。

8）在电梯出现故障或者发生异常情况时，组织对其进行全面检查，消除电梯事故隐患后，方可重新投入使用。

9）电梯发生事故时，按照应急救援预案组织应急救援，排险和抢救，保护事故现场，并且立即报告事故所在地的特种设备安全监督管理部门和其他有关部门。

10）监督并且配合电梯安装、改造、维修和维保工作。

11）对电梯安全管理人员和操作人员进行电梯安全教育和培训。

12）按照安全技术规范的要求，及时采用新的安全与节能技术，对在用电梯进行必要的改造或者更新，提高在用电梯的安全与节能水平。

2. 电梯的维护及保养

电梯的维护及保养包含以下内容：

1）电梯运行人员和维修人员要持证上岗，电梯的故障修理必须由劳动部门审查认可的单位和人员承担。

2）制定并贯彻驾驶人、维修人员的安全、操作和维修保养的规章制度。严格监视和掌握电梯的运行动态，发现隐患时，应及时采取措施乃至停止使用电梯。

3）坚持定期检查和维修保养制度，健全电梯设备档案及维修保养（简称维保）记录，做好电梯的保修和安全年检工作。

4）设立 24h 维保值班电话，保证接到故障通知后及时予以排除，接到电梯困人故障报告后，维修人员及时抵达维保电梯所在地实施现场救援，直辖市或者设区的市抵达时间不超过 30min，其他地区一般不超过 1h。

5）对电梯发生的故障等情况，及时进行详细的记录。

6）建立每部电梯的维保记录，并且归入电梯技术档案，档案至少保存 4 年。

7）协助使用单位制定电梯的安全管理制度和应急救援预案。

8）对承担维保的作业人员进行安全教育与培训，按照特种设备作业人员考核要求，组织取得具有电梯维修项目的"特种设备作业人员证"，培训和考核记录存档备查。

9）每年度至少进行一次自行检查，自行检查在特种设备检验检测机构进行定期检验之前进行，自行检查项目根据使用状况决定，但是不少于本规则年度维保和电梯定期检验规定的项目及内容，并且向使用单位出具有自行检查和审核人员的签字、加盖维保单位公章或者其他专用章的自行检查记录或者报告。

10）安排维保人员配合特种设备检验检测机构进行电梯的定期检验。

11）在维保过程中，发现事故隐患及时告知电梯使用单位；发现严重事故隐患，及时向当地质量技术监督部门报告。

【任务实施】

1. 观察电梯的警示牌

去某一公共场所，仔细观察电梯内部标贴，是否贴有电梯求救电话、有效的"安全检验合格"标志、电梯使用的安全注意事项和警示标志。

2. 了解电梯的维保

到电梯维保公司参观，在维保技术人员的指导下，了解电梯的定期保养周期、电梯故障记录以及维修保养记录。在维保技术人员的陪同下，参与某次电梯的维保工作，了解电梯的维护保养步骤和方法。

【学习小结】

本任务主要介绍了电梯的使用管理和电梯的维护与保养，电梯的使用管理规定规范了电梯的使用，电梯属于特种设备，它的运行状况关乎人的生命安全，电梯在使用过程中须遵循一定的管理规定，才能减少电梯故障的发生，减轻电梯的损坏程度，延长电梯的使用寿命。电梯的维护与

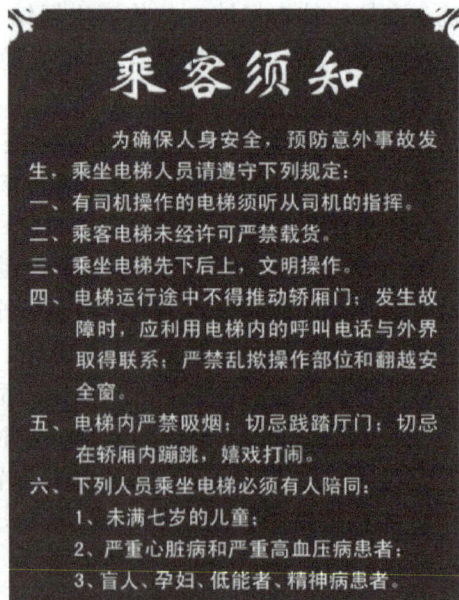

图 4-34 电梯告示

保养是电梯管理的重要内容，电梯的维护与保养内容包括：定期的保养，建立检查和维护制度，配备专业的维保人员，对故障电梯进行备案等内容。电梯维护保养过程中严格遵循相关的维保规则，才能保障电梯长期有效的运行。

【想想　练练　做做】

1. 观察图 4-34 所示某电梯的告示，说说身边电梯有哪些告示，并简述作为乘客，应如何正确地使用电梯。

2. 简述电梯有哪些维护保养规则。

3. 上网查阅电梯管理的有关法律规定。

模块五

自动化生产线

【导　读】

自动化生产线是一种产业类机电设备，集现代机械制造技术、自动化技术、传感检测技术、计算机控制技术于一体，在大批量生产中能提高劳动生产率，改善劳动条件，缩短生产周期，保证生产均衡性，是一种高度自动化、高度信息化的生产线，是现代工业的生命线。

学 习 目 标

1. 能识别自动化生产线的类型、结构及组成。
2. 能了解自动化生产线组成部分的工作原理。
3. 掌握自动化生产线的日常维护和保养。

任务一　认识自动化生产线

【任务要求】

- 自动化生产线的组成。
- 自动化生产线中各个单元的工作原理。
- 自动化生产线的分类与发展。

【任务引入】

观察图 5-1 所示的焊接车间自动化生产线，它与普通人工生产线相比有什么特点？哪一个相对稳定？如果采用普通人工生产线来加工，加工效率和产品质量会提高吗？如果制造对象是有害的化工产品时，又应采用哪种类型的生产线？

【任务分析】

在现代社会中，无论任何行业，从工厂的生产到能源的输送，甚至是人们的居住楼宇，到处都可以看到自动化系统的身影。各行各业的发展都离不开自动化生产线的主导和支撑，自动化生产线已经成为现代工业的生命线。

图 5-1　焊接车间自动化生产线

【相关知识】

一、自动化生产线基本概念

1. 生产线

生产线是指某个产品生产过程经过的路线，即原料从进入生产现场开始，经过加工、运送、装配、检验等一系列生产活动构成的路线。

2. 自动化生产线

自动化生产线将一组自动机床和辅助设备按照工艺顺序连接起来，自动完成产品全部或者部分制造过程的生产系统，即采用了自动化技术的生产线。它是一种自动工作的机电一体化系统，是在生产线和自动化专机的功能基础上逐渐发展形成的。

3. 自动化生产线的技术特点

从 20 世纪 20 年代最早的组合机床自动线出现到现在，自动化生产线已经经历了很多变更，而这些变更主要来自于各种新型技术在自动化生产线中的应用。表 5-1 列出了自动化生产线发展历程中的一些技术特点。

表 5-1　自动化生产线的技术特点

技术特点	简　介	应用举例
组合机床	以通用部件为基础，配以按工件特定形状和加工工艺设计的专用部件和夹具，组成的半自动或自动专用机床	20 世纪 20 年代汽车工业、机械制造业中的组合机床自动线
PLC 技术	在工业环境中，将生产数据输入到 PLC 系统中，在软件编辑中进行数据的处理，将处理好的数据写成程序输送到计算机内部软件，最后达到远距离控制生产线	例如，自动生产人们喝的饮料瓶、在室内外的喷漆工作，还有小器件的组装工作都使用到了 PLC 技术
计算机控制系统	计算机参与并借助一些辅助部件与被控对象相关联的自动控制系统	一些外企中的轧钢生产线，池窑拉丝生产线
冲压机器人	1959 年美国联合控制公司首先研制成功的一种动作程序可变、行程可调、适应能力强的高级机械手	主要应用在汽车生产线上，如上海大众生产线

二、自动化生产线的组成与各工作单元

如图 5-2 所示，自动生产线主要由工艺设备、质量检测装置、辅助设备和控制系统四大部分组成，其中辅助设备和控制系统，乃是区别流水线和自动生产线的重要标志。

1）工艺设备是完成工艺过程的主要生产装置，自动化生产线上的工艺设备包括机床、刀具、夹具和必要的辅助器具。

2）质量检查装置已经成为自动化生产线上不可或缺的组成部分，它可以及时发现生产过程中各种质量问题，以便加工人员及时解决，同时剔除不合格的产品，以免有缺陷的产品

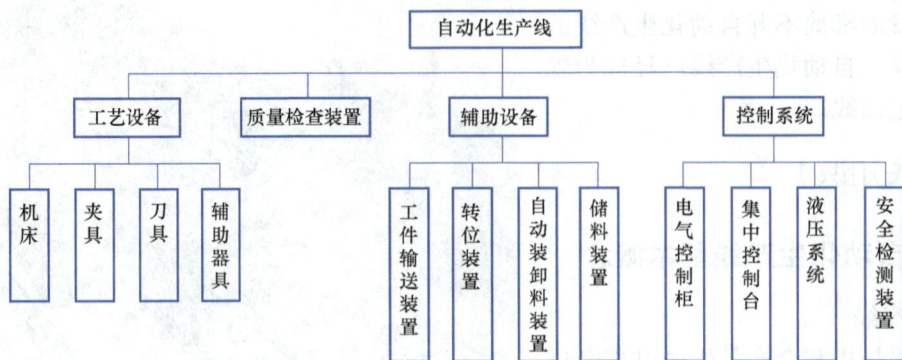

图 5-2　自动化生产线的组成

进入市场。

3）工件输送装置是自动线中最重要和最富有代表性的辅助设备，它将被加工工件从一个工位传送到下一工位，为保证自动线按生产节拍连续地工作提供条件，并从结构上把自动线的各个自动设备联系成一个整体。

4）自动化生产线的控制系统主要用于保证线内的机床、工件传送系统，以及辅助设备按照规定的工作循环和联锁要求正常工作，并设有故障寻检装置和信号装置。

三、自动化生产线的分类、应用现状及发展趋势

1. 自动化生产线的分类

随着自动化技术的快速发展，目前自动化生产线的类型多种多样，根据不同的特征，有多种不同的分类方法。从自动化生产线的结构特点出发，可以按工艺设备和储料装置进行分类，见表 5-2。

表 5-2　自动化生产线的分类

大类	细分类	特点	示意图
按工艺设备分类	通用机床自动化生产线	利用现有通用机床进行自动化改造后连成的	
	专用机床自动化生产线	建设费用高,适用于产品结构稳定,产量比较大的场合	

（续）

大类	细分类	特点	示意图
按工艺设备分类	组合机床自动化生产线	多用于钻、扩、铰、镗、攻螺纹和铣削等工序的加工	
按储料装置分类	刚性连接的自动化生产线	所有的机床由输送设备的控制系统连成整体,当某台机床发生故障,就会导致全线的停工	 1—控制台　2—立式组合机床　3—鼓轮　4—切屑输送装置　5—液压泵站　6—平斜双曲组合机床　7—双面卧式组合机床　8—转台　9—工件传送带　10—传送带传动装置
	柔性连接的自动化生产线	将自动化生产线分成若干段,当某台机床发生故障时,其余的机床在一定的时间内可继续工作	

2. 自动化生产线的应用现状

自动化生产线在电力、冶金、机械制造、汽车、轻纺、交通运输、食品加工、医药、化工等各行各业中都得到广泛应用。图 5-3 ~ 图 5-6 列举了一些典型的自动化生产线应用场合。

图 5-3　家电全自动检测装配生产线

图 5-4　汽车生产线

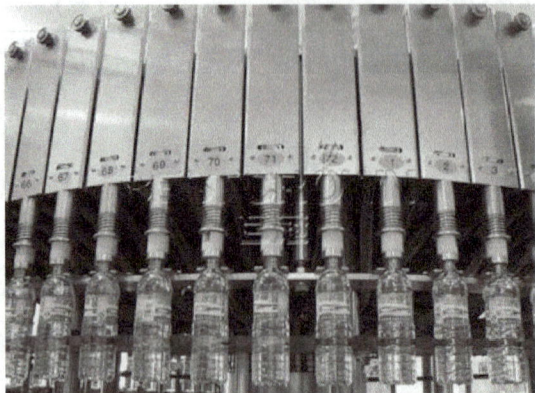

图 5-5　矿泉水包装生产线

图 5-6　食盐包装分装生产线

3. 自动化生产线的发展趋势

目前，国内外自动生产线的主要发展趋势呈现出了以下特点。

1）自动化生产线的高速化是提高劳动生产率的主要途径。据报道，在国外，糖果包装机达 1200 粒/min，卷烟机达到 4000 支/min，工业缝纫机达 7500r/min，而我国现有水平分别为 500 粒/min，1000 支/min，3000r/min。由此可见，高速化是提高单机生产率的主要途径之一。

2）综合自动化生产过程。在自动化机械中，采用机、电、液、气相结合的综合自动化，可使自动化轻工机械的结构进一步简化。另外，采用电子自控技术，使其不仅能自动的完成加工工艺操作和辅助操作，而且能自动监测、自动判断记忆、自动发现和排除故障、自动分选和剔除废品，可大大提高自动机械的自动化程度。

3）利用机器人技术。目前，国外汽车行业、电子和电器行业、物流与仓储行业等已大量应用机器人技术来提高产品质量和生产率。机器人设备的广泛使用，大大推动了这些行业的快速发展，提升了制造技术的先进性，而机器人自动化生产线成套装备也已成为自动化成套装备的主流以及未来自动化生产线的发展方向。

【任务实施】

1. 观察某自动化生产线组成部分

在实训工场，现场观察某自动化生产线实训考核装备，查看安装在铝合金导轨式实训台上的供料单元、加工单元、装配单元、输送单元和分拣单元。

2. 观察某自动化生产线各单元的工作过程

在实训工场，观察已经安装调试好的某型自动化生产线，查看每个单元的结构和其工作过程，对每个单元的控制方式如气动控制、PLC 控制进行了解。

【学习小结】

本任务主要介绍了自动化生产线的组成、类型以及应用现状，并了解各个单元的功能。

【想想　练练　做做】

1. 观察图 5-7 所示的典型模块化自动化生产线，指出该生产线由哪些工作单元组成。

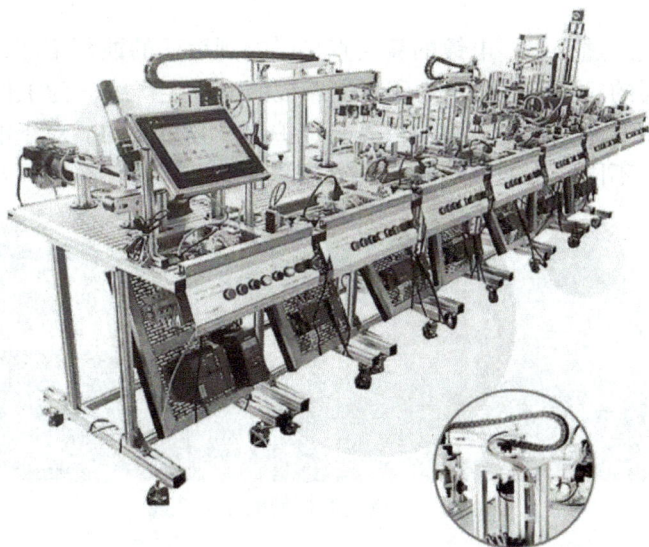

图 5-7　典型模块化自动化生产线

2. 根据图 5-8 所示的组合自动化生产线示意图，指出 a、b、c 三条生产线分别属于哪种类型的自动化生产线（按储料装置分类），并简要分析该组合自动化生产线的特点。

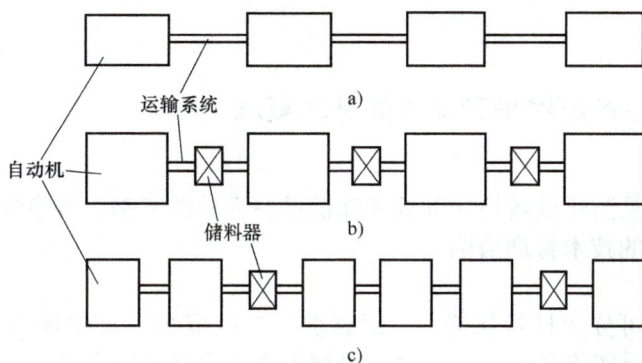

图 5-8　组合自动化生产线示意图

3. 查询 YL-335B 型自动化生产线相关资料。

任务二　了解自动化生产线的维护与保养

【任务要求】

- 自动化生产线的维护。
- 自动化生产线的保养。

【任务引入】

在印制电路板生产过程中，电镀的镀层直接影响到后面的蚀刻工序，对整个电路板质量的影响都是至关重要的。图 5-9 所示为印制电路板的电镀生产线。为了保证生产线运转的稳定和电镀设备的使用寿命，设备正确的保养和维护是十分重要的。对于电镀设备的维护和保养应采取什么方法？不同结构的电镀生产线维护和保养又存在什么不同？

图 5-9　印制电路板的电镀生产线

【任务分析】

为了提高制造业的生产率，许多企业选用精度高、柔性高、可靠性高的自动化生产线，却没有引进良好的设备管理方法和维护方法。这使得企业的维修费用居高不下，而且大大影响了企业的生产率，选择合理的管理方式对自动化生产线进行维护和保养保证自动化生产设备的可靠性，目前成了这些企业发展的一个重要课题。

【相关知识】

一、自动化生产线维护和保养的基本概念

1. 设备维护

设备维护指的是防止设备性能降低或降低设备失效的概率，按事先制订的计划或相应技术条件的规定进行的技术管理措施。

2. 设备保养

设备保养一般可分为日常保养、一级保养、二级保养。日常保养是指每日、每周的保养，一级保养通常是指设备运行一个月，维修工人对设备进行保养。二级保养是以维持设备的技术状况为主要目的的检修形式，二级保养要完成一级保养的全部工作，其工作量介于中修理和小修理之间。

3. 设备管理的几个阶段

设备管理的发展阶段见表 5-3。

表 5-3　设备管理的发展阶段

阶段	时间	名称	简　介
第一阶段	1950 年前	事后维护	事后维护意思就是坏了再修理，即使现在，当生产设备的停止损失可以忽略时也可以采取事后维护的方案
第二阶段	1950 年左右	预防维护	预防维护是为了防止设备的突发故障造成的停机而采取的一种方法，预防维护不宜过多，如果过多的话就不经济实惠了

（续）

阶段	时间	名称	简　介
第三阶段	20世纪60年代	生产维护	这种方式就是将设备整个运用过程中其本身的生命周期成本或维持设备运转所花费的一切费用与设备的劣化损失以及理由结合起来，然后决定怎样去维护的一种方式
第四阶段	1970年之后	全公司的生产维护	全公司性质的生产预防不仅仅是某些人的责任，而是包括所有全体职员为中心的所有经营层、管理层及作业员的全公司式的一种全员预防
第五阶段	1980年开始	预知维护	预知维护是对设备的劣化状况或性能状况进行诊断，然后在诊断状况的基础上开展保养、维修活动。因此，要尽量正确并且高精度地把握好设备的劣化状况，这是前提

二、自动化生产线中常见系统和设备的维护

自动化生产线维护通常遵循一些原则：日常维护与定期维护相结合，巡视与监视相结合，检查与询问相结合，而维护的主要工作靠操作工与维修工来共同完成。

下面以自动化生产线中常见的几个系统和设备为例：

（1）自动化生产线中的各个工作站的维护

1）电路、气路、油路及机械传动部位（如导轨等）工作前后要检查、清理。

2）工作过程要巡检，重点部位要抽检，发现异样要记录，小问题工作前处理（时间不长），大问题做好配件准备。

3）统一全线停机维修，做好易损计划，提前更换易损件，防患于未然。

（2）自动化生产线中的控制系统的维护

1）保证主机本身不发生故障、保证系统板完好、保证各种报警功能完好。

2）不要带电插拔各种板卡、连接线、接口、插头、插座、芯片，并做好定期检查清理，保证接触良好。

3）使用中要注意防止烧坏系统板和板卡，防止静电。

（3）自动化生产线中的气动系统的维护　为使气动系统能长期稳定地运行，应采取下述定期维护措施。

1）每天应将过滤器中的水排放掉；检查油雾器的油面高度及油雾器调节情况。

2）每周应检查信号发生器上是否有铁屑等杂质沉积；查看调压阀上的压力表；检查油雾器的工作是否正常。

3）每三个月检查管道连接处的密封，以防泄漏；更换连接到移动部件上的管道；检查阀口有无泄漏；用肥皂水清洗过滤器内部，并用压缩空气从反方向将其吹干。

4）每六个月检查气缸内活塞杆的支撑点是否磨损，必要时需更换，同时应更换刮板和密封圈。

（4）自动化生产线中的液压系统的维护

1）定期对油箱内的油进行检查、过滤和更换。

2）检查冷却器和加热器的工作性能，控制油温。

3）定期检查更换密封件，防止液压系统泄漏。

4）定期检查、清洗或更换液压件、滤芯、定期检查清洗油箱和管路。

5）严格执行日常点检制度，检查系统的泄漏、噪声、振动、压力、温度等是否正常。

三、自动化生产线中常见系统和设备的保养

自动化生产线中设备的精度、可靠性和灵敏度都很高，为保证这些设备的正常运行并保持良好的性能，使设备的使用周期和使用寿命更长，减少设备维修次数，提高生产线的工作效率，需要对设备进行保养，此种保养是由生产人员来实施的，以自动化生产线中常见的几个系统和设备为例，具体的保养措施如下。

日常保养：每天在开始工作前或工作结束后（如果设备日夜不停，则在操作人员换班时），由操作人员对设备进行例行的检查。主要内容是：如果设备计划要长期的停放存放，生产线设备上所有的轴承应该注射润滑脂，用以防锈；对设备进行加注润滑油等消耗品；按照操作规程对设备松动的螺钉等进行紧固；对设备进行清洁、擦拭；检查设备的运行状态正常与否，并记录在日常维护记录表上。在设备运行期间，操作人员要按时、保质、保量地加注润滑油等消耗品，保证设备处于良好的工作状态。

定期保养（月保养或半月保养）：除了日常维护和保养外，还需要对设备进行定期的维护，主要内容是①将一些关键的部位拆开，如电动机冷却扇的防护罩、电动机联轴器的防护罩等，对这些部位要进行清洁和检查；②对工装夹具的配合间隙进行适当的调整；③对振动部位的螺栓进行紧固，做紧固标记；④将油路、水路和气路的过滤器进行清洁、疏通；⑤更换设备的机油、冷冻液及水箱内的水；⑥对机械导轨或滑动面做清洁保养，清除磨损出现的毛刺或划伤；⑦对容易污染的关键部位进行清洁；⑧对电气的线路、开关、传感器及安全装置进行检查维修。

四、自动化生产线设备维护和保养工作中常见的问题及解决措施

（1）维修人员技能不足，维护和保养方法不正确　目前很多企业的维修人员并不了解生产线设备，对故障发生的原因不清楚，也不认真分析故障原因，盲目拆卸和更换零配件，或者没有对症下药去处理故障，而是以应急代维修，治标不治本，不仅影响设备的正常运转，降低生产效率，还会产生以大量换件代替维修，给公司造成浪费。要解决这个问题，首先要提升维修人员的技能和职业素养，这样可以减少故障误判，避免盲目更换配件代替维修，采用正规的方法来排除故障，同时可以由维修人员指导操作人员对设备进行保养和定期检查，一方面可以减少故障次数，另一方面可以减少维修资源的浪费，降低维护费用。

（2）管理混乱，维护流程和制度执行不到位　大部分企业虽然有维护流程和制度，但是一方面维护管理者管理不到位，另一方面维修流程和制度的制定和执行模糊不清，结果造成维修人员只有在机器彻底不能运行时才到现场进行维修，且不能将生产人员实施的维护保养与维修人员实施的预防性维修相结合。维修时随意拆卸，不仅降低维修质量，使后续维修难度加大，导致停机时间延长，大大降低了设备的利用率，影响设备的生产效率。对于这种情况，企业要根据自身每条生产线的特点，制定合理的维修制度，并结合生产设备的生产情况，对维修制度进行具体的落实，包括维护保养的周期、项目以及维修保养的基准，同时要实行严格的岗位监督制，坚决保证制度的有效执行。

（3）预防性维修的意识淡薄　许多设备即使在正常运行的状态下，仍然存在故障隐患，

如果没有及时检修，这些隐患会导致设备的停机，加大了维修的强度，而有效的预防性维修可以大量减少设备的隐患运转，提高设备的运行质量，降低维修成本。很多企业没有自己的预防性维修计划，总是出了问题才去修理设备，或者领导要求了才进行预防性维修。这样不仅影响生产线的生产效率，还会造成维修费用的大量增加。解决这个问题的措施是提高预防性维修的意识。

【任务实施】

1. 了解设备维护和保养的标准

在企业生产车间或实训工场，查看自动化生产线中设备或者系统的组成结构，根据资料中维护和保养的标准了解不同生产线、不同设备维护和保养需要注意的事项。

2. 对自动化生产线进行部分维护和保养

在企业生产车间或实训工场，按照专业人员制作的维护和保养任务单，对自动化生产线设备进行维护和保养，并参照其技术规程检验其是否达到维护和保养的标准。

【学习小结】

本任务分别对自动化生产线的维护方式和保养方式进行介绍，并指出目前维护和保养工作中存在的问题和解决措施。

【想想　练练　做做】

1. 观察图5-10所示的生产线实训设备，填写相关信息到表5-4中（指出该生产线上的次要设备、重要设备、关键设备，比较不同设备类型的维护和保养方式）。

图5-10　生产线实训设备

表5-4　生产实训安排

	次要设备	重要设备	关键设备
名称			

（续）

	次要设备	重要设备	关键设备
日常维护			
日常保养			

2. 如图 5-11 所示，气动机械手是自动化生产线上的重要装置之一，该机械手结构由气缸、气爪和连接件组成，分析其维护和保养方式。

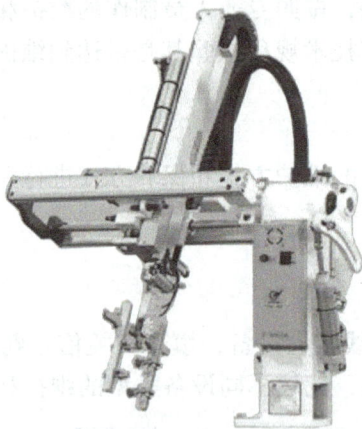

图 5-11　气动机械手

3. 上网查询不同种类的自动化生产线的维护和保养原则。

【任务拓展】

工业机器人

1. 工业机器人的概念和组成

工业机器人是一种能自动控制并可重新编程予以变动的多功能机器。它有多个自由度，可用于搬运物料、零件和握持工具，以完成各种不同的作业。一个较完善的工业机器人通常由执行机构、驱动-传动系统、控制系统及智能系统部分组成，如图 5-12 所示。驱动-传动系统中的电动机、液压缸、气缸均可与操作机直接相连，也可通过齿轮传动、同步带传动（图 5-13）等装置与执行机构相连。

2. 工业机器人的发展

1959 年，美国的英格伯格和德沃尔制造出第一台机器人，最初的机器人只可以实现简单的示教再现，每个动作都需要操作人员通过示教盒用程序进行控制，机器人不能对外界进行反馈和判断，只能进行简单重复的生产动作。但此类工业机器人成本低，控制简单，到现在依然有大量这样的工业机器人运用于并不复杂的生产线当中。

按照工业机器人的关键技术发展过程，其可分为三代：第一代是示教再现机器人，主要由机械系统和控制系统组成；第二代是离线编程机器人，如有力觉、触觉和视觉等；第三代是智能机器人，目前处于研究阶段。

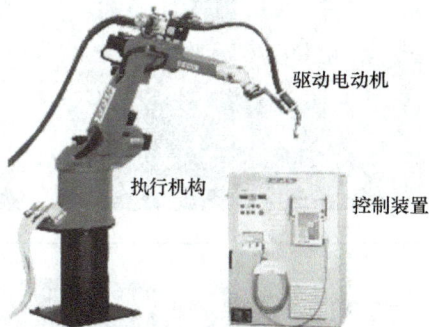

图 5-12　机器人本体部分

图 5-13　齿轮传动和同步带传动

现代智能机器人最大的特点就是配备很多传感器，最普遍的就是给机器人配备视觉定位系统，这就相当于给机器人加上一双眼睛，这时机器人可以通过接收外界信息，对外界进行反馈，具有一定的智能性，具有自我调节的能力，这部分已经成为了工业机器人研发和应用的热点。

3. 工业机器人的类型

工业机器人经过这么几个阶段的发展，其类型和系列日益完善，目前按工业机器人的应用可以分为下面几类（表5-5），用于搬运的，如码垛机器人和并联机器人；用于焊接的，如定位焊机器人和弧焊机器人；用于喷涂的，如喷涂机器人；用与切割的，如激光切割机器人和等离子切割机器人等。

表 5-5　工业机器人按应用分类

名称	主要功能及特点	实 物 图
码垛机器人	码垛机器人具有结构简单、运动稳定、操作简单、负载大等特点，目前码垛机器人非常适合用于大批货品的搬运码垛，以降低人的劳动强度，而且极大地提高了生产的效率和速度	

（续）

名称	主要功能及特点	实　物　图
并联机器人	并联机器人因其动作灵活,速度快,易搭配视觉系统等特点,也被广泛用于各种轻载的、形状不一的生产过程中	
焊接机器人	新型焊接机器人可在0.3s内完成50mm位移的最低功能要求,可以在短时间内快速移位,非常适合运用于定位焊,提高生产效率	
喷涂机器人	喷涂工艺易对人体健康造成损害,喷涂机器人应运而生。喷涂机器人被大量地应用在汽车、家具、电器等行业	
激光切割机器人	激光切割是利用高功率密度的激光束扫描材料表面,在极短时间内将材料加热到几千至上万摄氏度,使材料熔化或汽化,再用高压气体将熔化或汽化物质从切缝中吹走,达到切割材料的目的	

（续）

名　称	主要功能及特点	实　物　图
激光毛化机器人	为了改善冷轧薄板钢的板型、深冲性、延伸率和涂镀性能，在冷轧薄板工艺中，要求对冷轧工作辊的表面进行毛化处理，以便轧制出满足用户所需的各种冷轧毛化钢板，激光毛孔机器人即可实现毛化处理	

4. 工业机器人在自动化生产线上的应用

工业机器人作为工业中重要的自动化设备已经被越来越广泛地应用于各类自动化生产线。

（1）工业机器人在冲压自动化生产线的应用　如图 5-14 所示，汽车车身冲压线是汽车生产过程中的重要设备，冲压自动化生产线目前主要有机械手自动化生产线方式、工业机器人自动化生产线方式、多工位压力机生产线方式，工业机器人以其独特的优势在冲压加工的应用成为主流。

（2）工业机器人在光伏玻璃自动化生产线的应用　光伏产业是目前高速发展的几大新型行业之一，在如图 5-15 所示的光伏玻璃生产线上，如何对单片玻璃实现快速自

图 5-14　冲压自动化生产线

动上、下片成了许多企业急需解决的问题。自动上下片工业机器人在光伏玻璃行业的应用已逐渐开始起步。

（3）工业机器人在物流自动化生产线的应用　如图 5-16 所示，在各种物流自动化生产线中也可以看到工业机器人的身影，如药品分拣自动化生产线、自动化立体仓库和包装自动化生产线等。

图 5-15　光伏玻璃自动化生产线

图 5-16　物流自动化生产线

*模块六

水泵和起重设备（选学）

【导　读】

水泵是一种输送液体或使液体增压的机械设备，它通过原动机的转动或摆动将能量传送给液体。水泵的应用领域众多，在城市供水系统、土木建筑系统、农业水利系统、石油化工系统以及船舶系统等领域都有非常广泛的应用，在国家的"西气东输"工程中，泵类的产品也起到了非常重要的作用。在工业化社会中，水泵在农工业生产中以及人们的日常生活中扮演越来越重要的角色。水泵的产量也位居各类机械设备的前列，据统计，水泵消耗的电能约为世界发电总量的1/4。水泵的普及程度，在一定程度上代表了国家的工业化程度。

起重设备是指在一定范围内垂直提升和水平搬运重物的多动作起重机械，又称为吊车，属于物料搬运机械。起重机的工作特点是做间歇性运动，即在一个工作循环中取料、运移、卸载等动作的相应机构是交替工作的，起重设备在市场上的发展和使用越来越广泛。

学 习 目 标

1. 能识别水泵的类型。
2. 能了解典型水泵的工作原理。
3. 知道水泵的保养和检修。

任务一　　认识水泵

【任务要求】

- 水泵的分类和型号。
- 典型水泵的工作原理和机械特点。
- 水泵的保养与维修。

【任务引入】

观察图 6-1 所示图形，这些输水管道中包含了什么设备？它们在输水系统中承担了什么样的任务？这些设备还可以应用在什么样的场合中？

图6-1　管道设备

【任务分析】

地球上的水、气、油等各类资源是人类赖以生存的重要物质，输水工程、输气工程以及输油工程成为人类生存和社会经济发展的重要基础工程，这些工程都需要一种动力设备，由这些动力设备提供动力将各类液体或气体输送到需要的地方。以水为例，最早人们通过水车、辘轳等提水机来进行输送，随着工业的发展，现代的输水动力设备（水泵）逐步诞生。水泵刚诞生不久，便得到了快速的推广，随着社会的发展，水泵对工农业以及人们日常生活中起到了越来越重要的作用。

【相关知识】

一、水泵的基本概念与发展

1. 水泵的基本概念

水泵是指受原动机控制，驱使介质运动，将原动机输出的能量转换为介质压力能的能量转换装置。

2. 水泵的发展

人们对于提水设备的研究很早之前就开始了，而水泵真正意义上的发展，经历了以下几个阶段，见表6-1。

表6-1　水泵的发展

时间	事件
公元前 200 年左右	古希腊工匠克特西比乌斯发明了一种灭火泵，它虽然算不上是活塞泵，但已经具备了活塞泵的主要元件
1840～1850 年	美国沃辛顿发明了泵缸和蒸汽缸对置，是一种以蒸汽为动力的活塞泵，它的出现标志着现代活塞泵的诞生
19 世纪	活塞泵应用于多种机械设备中
20 世纪 20 年代	高速离心泵和回转泵代替了活塞泵

二、水泵的类别及型号

1. 水泵的分类

水泵的应用极其广泛，且种类繁多，根据不同的分类标准，水泵可以分成不同的类别，见表 6-2。它列举了水泵根据产生全压的高低、工作原理和用途进行分类的分类状况。

表 6-2　水泵的主要分类

分类方式	大类	含义	图示
按产生的全压高低分类	低压泵	压强 $P<2MPa$ 为低压泵	
	中压泵	压强 P 在 2~6MPa 之间	
	高压泵	压强 $P>6MPa$	
按工作原理分类	叶片式泵	利用叶片和液体相互作用来输送液体	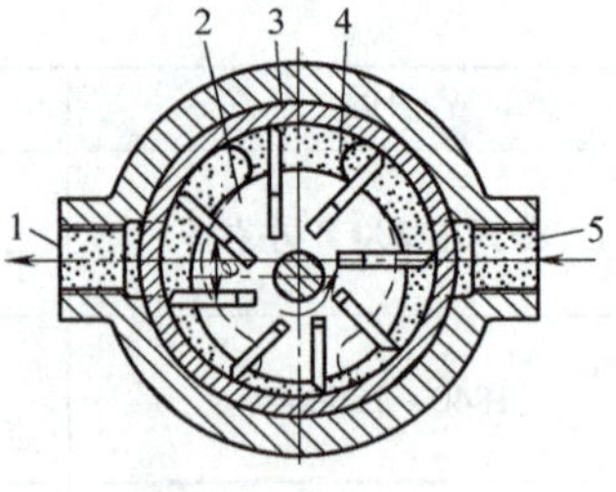 1—压液口　2—转子　3—定子 4—叶片　5—吸液口

（续）

分类方式	大类	含义	图示
按工作原理分类	容积式泵	利用工作腔容积周期变化来输送液体	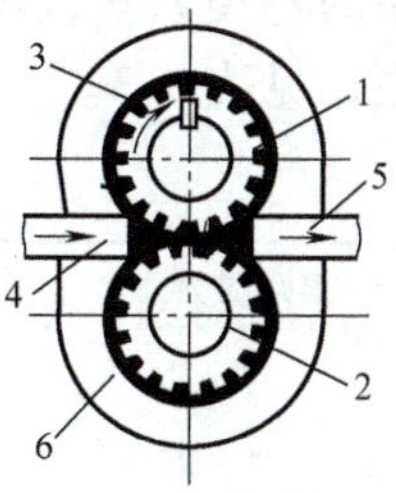 1—主动齿轮 2—从动齿轮 3—工作室 4—入口管 5—出口管 6—泵壳
	喷射泵	利用流体流动时能量的转变，进而达到输送的目的	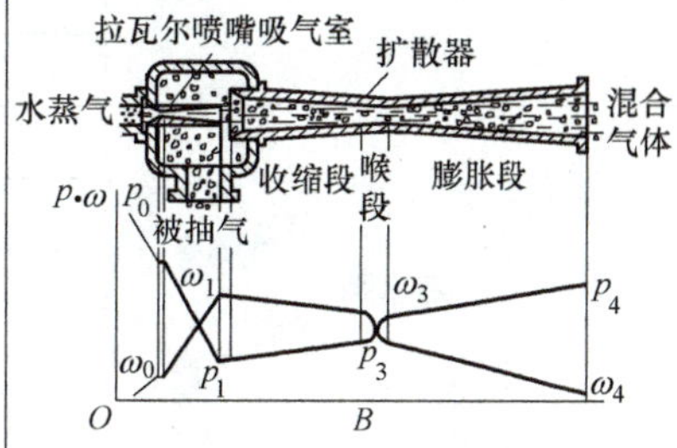
按用途分类	水泵	用于输送水介质的泵装置	
	油泵	用于输送油介质的泵装置	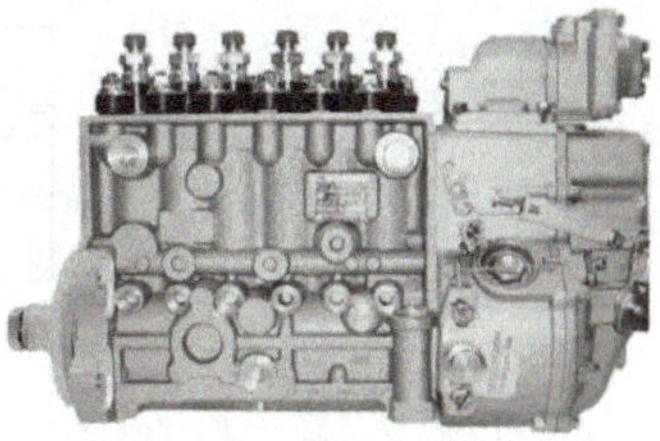
	气泵	用于输送气体介质的泵装置	

2. 水泵的型号

水泵型号是水泵的标识符，它代表了水泵的构造特点、工作性能和被输送介质的性质。由于水泵的种类繁多，规格不一，水泵型号也较混乱，本书根据不同的用途细分，列举了常见的水泵，见表6-3。

表6-3　常见的水泵型号

水泵类别	型号代表的含义	型号代码
清水泵	清水泵	IS
	便拆清水泵	ISGB
	卧式清水泵	ISW
	双吸泵	S. SH
	单吸清水泵	YT
	漩涡泵	YW
热水泵	单吸热水泵	ISR
	立式热水泵	IRG
	立式便拆热水泵	IRGB
	卧式热水泵	ISWR
	热水管道泵	SGR
耐腐泵	化工泵	IH
	立式化工泵	IHG
	管道化工泵	SGP
	氟塑料合金泵	FSB
	耐腐蚀泵	FB
	单级化工泵	AFB
	耐腐蚀化工泵	FY
油泵	单击油泵	IY
	离心油泵	AY
	立式油泵	YG
	管道油泵	SGB
	卧式油泵	ISWB
	自吸油泵	CYZ
	齿轮油泵	KCB
污水泵	潜水排污泵	AS. AV
	无堵塞排污泵	WQ
	立式排污泵	WL
	液下排污泵	WY
	管道排污泵	GW
	蜗壳混流泵	HW

（续）

水泵类别	型号代表的含义	型号代码
杂质浆泵	立式泥沙泵	NL
	立式泥浆泵	NWL
	卧式泥浆泵	YPN
	立式泥浆泵	YPNL
	卧式浆泵	LXL
	渣浆泵	ZJ
	螺杆浓浆泵	I-1B
潜水泵	深井潜水泵	QJ
	冲水潜水泵	QS
	油沁潜水泵	QY
真空泵	水环式真空泵	SZ. SK
	真空泵	ZKB
	真空泵	SZB
特种泵	磁力驱动泵	CQ
	塑料磁力驱动泵	CQF
	不锈钢磁力驱动泵	CQB
	自吸磁力驱动泵	ZCQ
	屏蔽泵	PB
	气动隔膜泵	QBY
	电动隔膜泵	DBY
	消防泵	WFB

水泵的型号有两种表示形式，如图 6-2 和图 6-3 所示。

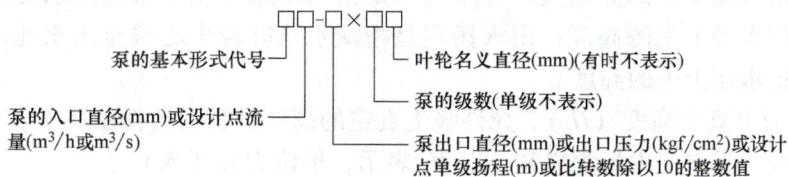

泵的基本形式代号

泵的入口直径(mm)或设计点流量(m³/h或m³/s)

叶轮名义直径(mm)(有时不表示)

泵的级数(单级不表示)

泵出口直径(mm)或出口压力(kgf/cm²)或设计点单级扬程(m)或比转数除以10的整数值

图 6-2　水泵型号的表示形式 1

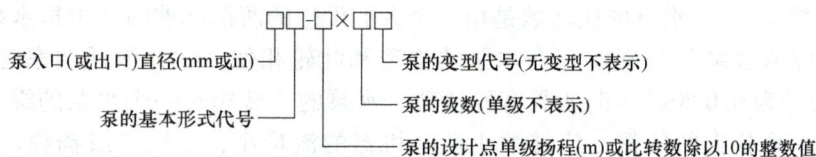

泵入口(或出口)直径(mm或in)

泵的基本形式代号

泵的变型代号(无变型不表示)

泵的级数(单级不表示)

泵的设计点单级扬程(m)或比转数除以10的整数值

图 6-3　水泵型号的表示形式 2

以 IS 型清水离心泵型号（IS80-65-160A）为例对清水泵型号进行具体说明，如图 6-4 所示。

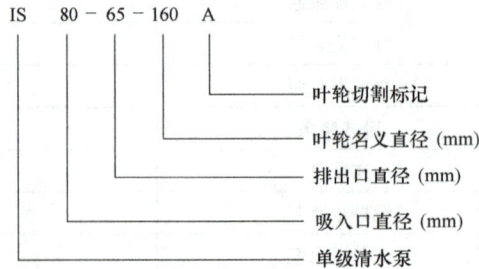

```
IS  80 - 65 - 160  A
                    └── 叶轮切割标记
                └────── 叶轮名义直径 (mm)
            └────────── 排出口直径 (mm)
        └────────────── 吸入口直径 (mm)
    └────────────────── 单级清水泵
```

图 6-4　清水泵型号含义

3. 水泵的主要参数

水泵参数包括了流量、扬程、允许吸上真空高度、转速、效率和比转数等，如图 6-5 所示，它们是衡量水泵工作性能的主要技术数据。

（1）流量（Q）　泵的流量是指单位时间内所排出的液体的多少。通常泵的流量用体积计算，以 Q 表示，单位为 m^3/h（米³/时）、m^3/s（米³/秒）、L/s（升/秒），也可用重量计，以 G 表示，单位为 t/h（吨/时）、t/s（吨/秒）、kg/s（千克/秒）。

```
┌─────────────────────────────────────────┐
│              水泵的参数                    │
└─────────────────────────────────────────┘
 流量   扬程   允许吸上   转速   效率   比转数
              真空高度
```

图 6-5　水泵的参数

（2）扬程（H）　泵的扬程是指单位重量的液体通过泵所增加的能量。以 H 表示，实质上就是水泵能够扬水的高度，又称为总扬程或全扬程。单位以 m（米）表示。泵的总扬程由吸水扬程与出水扬程两部分组成。吸水扬程是指从水泵叶轮中心线至水源水面的垂直高度，即水泵能把水吸上来的高度；出水扬程是指从水泵叶轮中心线至出水池水面的垂直高度，即水泵能把水压上去的高度。

（3）允许吸上真空高度（H_s）　允许吸上真空的高度是吸水扬程在真空表上的读数，它为实际吸水扬程与吸水损失扬程之和。以 H_s 表示，单位为 m（米）。

（4）转速（n）　转速是指泵叶轮每分钟的转数，以 n 表示，单位为 r/min（转/分）。每台泵都有一个额定转速，水泵铭牌上标定的转速即为额定转速。如泵运转超过额定转速或低于额定转速都会降低泵的效率，影响水泵的正常工作。

（5）比转数（n_s）　水泵的比转数是指一个人们设想的所谓标准的"虚拟水泵"叶轮的转数，这个"虚拟水泵"与现实存在水泵的构造和叶轮相似，它在消耗功率为 0.735kW、扬程为 1m、流量为 0.075m^3/s 时所具有的转数。水泵的比转速是一个水泵的综合指标。比转数可以作为水泵分类的依据。比转数小反映机器的流量小，全压（或扬程、水头）高；反之，比转数大则机器的流量大，全压（或扬程、水头）低。

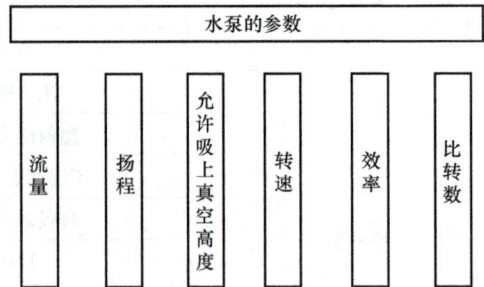

二、典型水泵的工作原理及构造

水泵应用广泛、种类繁多，目前应用最广泛的水泵为离心泵、轴流泵、混流泵、齿轮泵、活塞泵和喷射泵，其中离心泵、轴流泵和混流泵属于叶轮泵，齿轮泵和活塞泵属于容积泵。

1. 离心泵

如图 6-6 所示，离心泵是利用电动机带动水泵叶轮转动，叶轮中的叶片对周边的流体做功，流体随着叶轮旋转，在惯性离心力的作用下，由中心向边缘流去，其压力和速度不断提高，最后以很高的流速和压力流出叶轮进入泵壳内，而水泵叶轮吸入口处的液体由于已经甩除了，吸入口处形成低压，与吸入口的大气压形成压差，液体又将持续不断地被压入叶轮的吸入口，从而达到持续抽水的效果。

图 6-6 离心力水泵的工作原理

如图 6-7 和图 6-8 所示，离心泵是应用最广泛的水泵，它具有效率高、性能可靠、流量均匀、容易调节等特点，很多的供水系统都采用了离心泵。不同的应用场合，离心泵的种类也非常的多，根据分类方式的不同，离心泵还可细分类，见表 6-4。

表 6-4 离心泵的分类

分类方式	类型	离心泵的特点
按吸入方式	单吸泵	液体从一侧流入叶轮，存在轴向力
	双吸泵	液体从两侧流入叶轮，不存在轴向力，泵的流量几乎比单吸泵增加一倍
按级数	单级泵	泵轴上只有一个叶轮
	多级泵	同一根泵轴上装两个或多个叶轮，液体依次流过每级叶轮，级数越多，扬程越高
按泵轴方位	卧式泵	轴水平放置
	立式泵	轴垂直于水平面
按壳体形式	分段式泵	轴垂直于水平面
	中开式泵	壳体按与轴垂直的平面部分，节段与节段之间用长螺栓连接
	蜗壳泵	壳体在通过轴线的平面上剖分
	透平式泵	装有螺旋形压水室的离心泵，如常用的端吸式悬臂离心泵

　　如图 6-9 和图 6-10 所示，一台离心泵主要包括叶轮、泵轴、泵壳、泵盖、密封环、密封部件、中间支承等部件。各构件的具体作用和工作原理见表 6-5。

图 6-7　离心泵实物

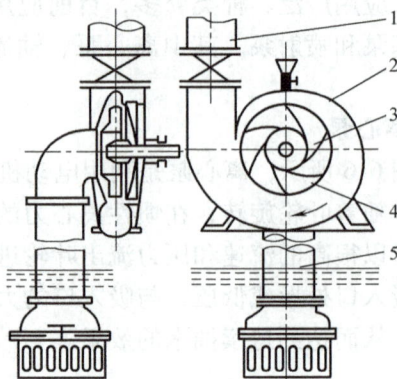

图 6-8　离心泵结构

1—出水管　2—泵壳　3—叶轮　4—叶片　5—进水管

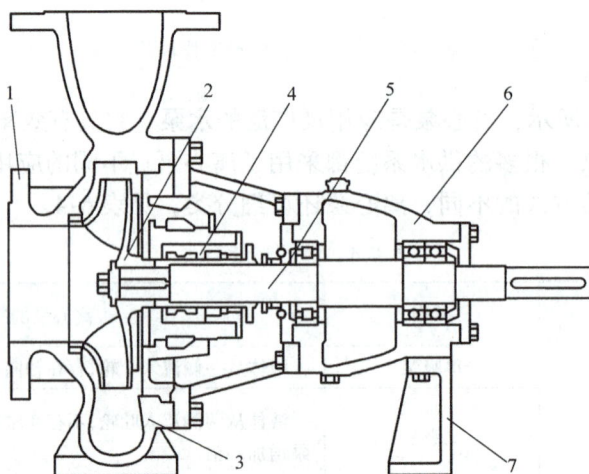

图 6-9　离心泵的实物构件

1—吸入室（泵盖）　2—叶轮　3—蜗壳（泵体）　4—填料密封
5—轴　6—轴承箱　7—托架

2. 轴流泵

　　如图 6-11 ～ 图 6-13 所示，当轴流泵的电动机驱动浸在流体中的叶轮旋转时，泵壳内的流体就相对叶片做绕流运动，叶片会对流体产生一个推力，从而对流体做功，使流体的能量增加，并沿轴向流出叶轮，经过导叶等部件压出管路。另外，叶轮入口处的流体被吸入，进而达到了持续运转的目的。轴流泵具有结构紧凑、外形尺寸小、质量轻的特点，适合于大流量、低压头的场合。

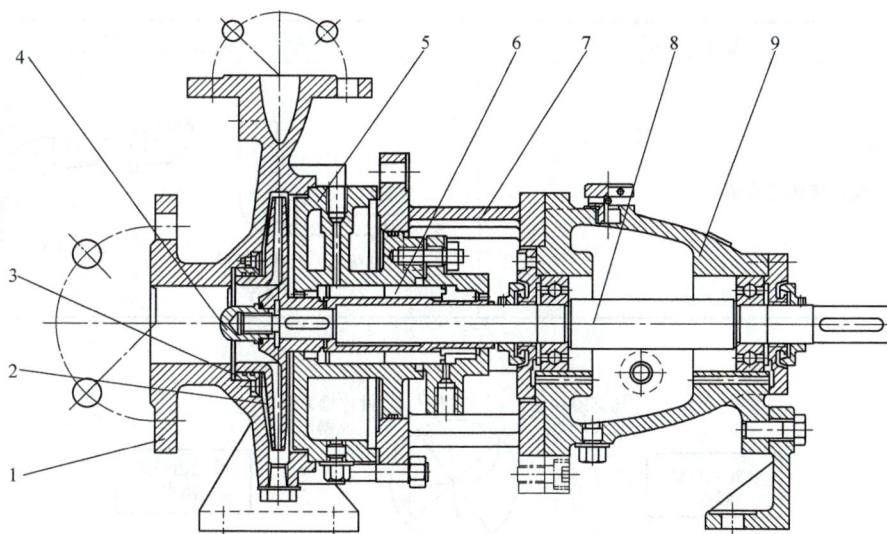

图 6-10　单级离心泵结构示意图

1—泵壳　2—叶轮　3—密封环　4—叶轮螺母　5—泵盖　6—密封部件
7—中间支承　8—轴　9—悬架部件

表 6-5　离心泵的主要构件的作用和工作原理

名称	主 要 作 用	工 作 原 理
叶轮	叶轮是泵的核心组成部分，它可使水获得动能而产生流动。叶轮由叶片、盖板和轮毂组成	 1—前盖板　2—后盖板　3—泵轴　4—轮毂　5—吸水口
泵轴	泵轴是用于旋转泵叶轮的，它是传递力矩的主要部件	
泵壳	泵壳由若干零部件组成，其内腔形成了叶轮工作室、吸水室和压水室	

（续）

名称	主 要 作 用	工 作 原 理
泵管口	输送流体的管道	

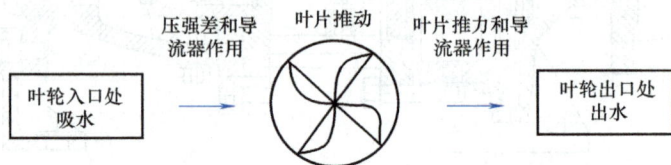

图 6-11　轴流泵的工作原理

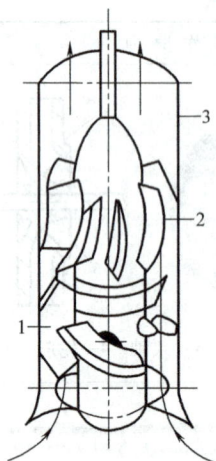

图 6-12　轴流泵结构示意图
1—叶轮　2—导流器　3—泵壳

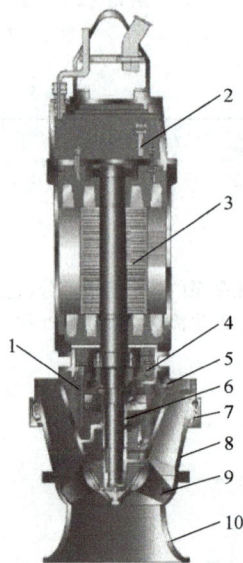

图 6-13　潜水轴流泵
1、2、4—防漏保护　3—潜水电动机　5—注油孔　6—机械密封　7—止水橡皮　8—导叶体　9—叶轮　10—喇叭口

3. 混流泵

如图 6-14 和图 6-15 所示，混流泵结合了离心式水泵和轴流式水泵的特点，流体是沿介于轴向和径向之间的圆锥面方向流出叶轮，它部分利用了叶片推力和惯性离心力的作用，进而达到输送液体的目的。混流泵具有流量大、压头高的特点。

4. 容积泵（齿轮泵、活塞泵）

如图 6-16 所示，容积泵是利用电动机驱动部件（活塞、齿轮等）使工作室的容积发生周期性的改变，依靠压差使流体流动，从而达到输送流体的目的。容积泵包含了齿轮泵和活塞泵。它具有结构简单、轻便紧凑、工作可靠的特点，常用于工厂流量较小的润滑油系统中。

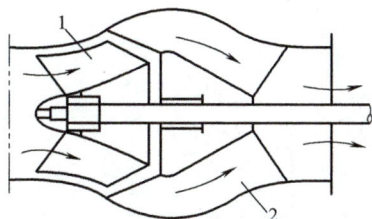

图 6-14　混流泵结构示意图
1—叶轮　2—导叶

图 6-15　混流泵实物

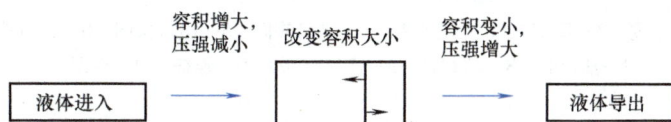

图 6-16　容积泵的工作原理

　　如图 6-17 和图 6-18 所示，齿轮泵具有一对互相啮合的齿轮，主动齿轮固定在主动轴上，轴的一端伸出壳外，由原动机驱动，另一个齿轮（从动轮）装在另一个轴上，齿轮旋转时，液体沿吸油管进入到吸入空间，沿上下壳壁被两个齿轮分别挤压到排出空间汇合（齿与齿啮合前），然后进入压油管排出。

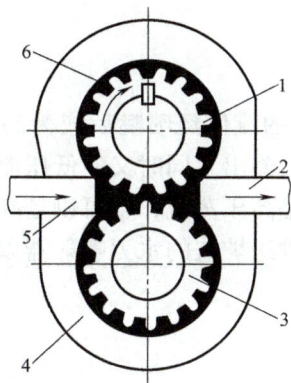

图 6-17　齿轮泵结构示意图
1—主动齿轮　2—出口管　3—从动齿轮
4—泵壳　5—入口管　6—工作室

图 6-18　齿轮泵实物图

如图 6-19 和图 6-20 所示，活塞泵主要依靠由活塞在泵缸内的往复运动来吸入和排出液体。活塞泵包含了吸水过程和压水过程，吸水过程是指当活塞开始自极左端位置向右移动时，工作室的容积逐渐扩大，室内压力降低，流体顶开吸水阀，进入活塞所让出的空间，直至活塞移动到极右端为止。压水过程是指当活塞从极右端开始向左端移动时，充满泵的流体受挤压，将吸水阀关闭，并打开压水阀而排出。活塞的往复运动，让活塞泵的吸水、压水过程交替进行。活塞泵被工厂用于药泵，适用于小流量、高压力的场合。

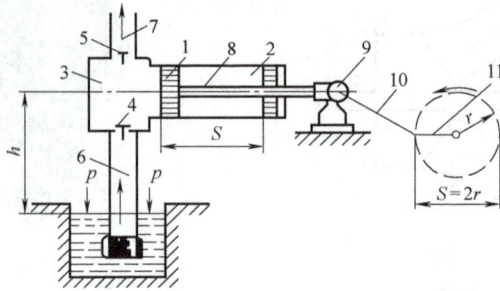

图 6-19　活塞泵结构示意图

1—活塞　2—活塞缸　3—工作室　4—进口蝶阀　5—出口蝶阀　6—进口管
7—压出管　8—活塞杆　9—十字接头　10—连杆　11—带轮

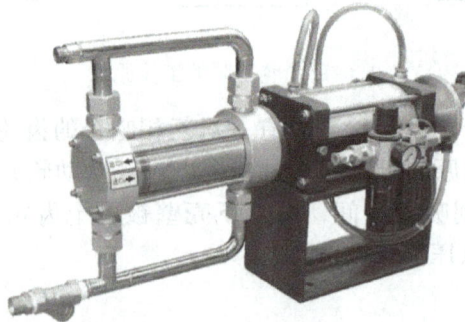

图 6-20　气动活塞泵

5. 喷射泵

如图 6-21 ~ 图 6-23 所示，喷射泵的工作原理是高压的流体经喷嘴后成为高速射流进入工作室，工作室内喷管附近的低压流体大量地卷带进入后输出，同时又使低压流体被吸入工作室，从而形成连续工作过程。喷射泵的工作流体可以是高压蒸汽，也可以是高压水，被输送的流体可以是水、油或空气。喷射泵常在电厂中用作输送炉渣的水力喷射器以及凝汽设备中抽气器等。

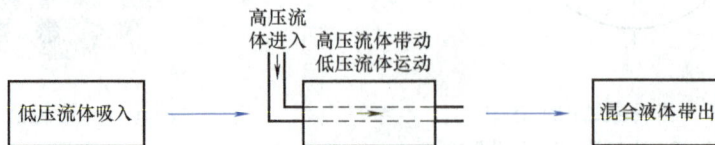

图 6-21　喷射泵的工作原理

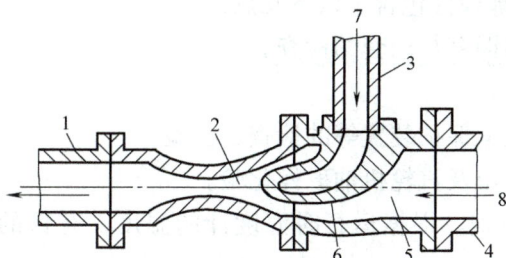

图 6-22　喷射泵结构示意图

1—出口管　2—扩散室　3—高压流体入口管　4—流体入口管
5—喉部吸入室　6—工作喷嘴　7—高压流体　8—流体

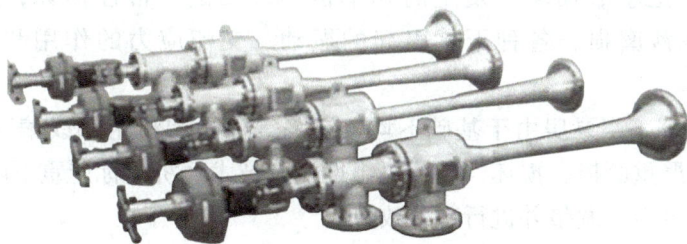

图 6-23　喷射泵实物图

三、泵的保养与检修

1. 泵的保养

水泵机组和管路在使用一段时期后，应做好以下保养工作。

1）放尽水泵和管路内的剩水。

2）如拆卸方便，可将水泵和管路拆下来，并清理干净。

3）检查滚珠轴承，如内外套磨损、旷动、滚珠磨损或表面有斑点都要更换。尚可使用的，用汽油或煤油将轴承清洗干净后涂润滑脂保存。

4）检查叶轮上是否有裂痕或小孔，叶轮固定螺母是否松动，如有损坏应修理或更换。检查叶轮减磨环处间隙，如超过规定值，应修理或更换。

5）若水泵和管道都不拆卸时，应用盖板将出口封好，以防杂物进入。

6）水带不用时，应把水带拆下，用温水清洗擦干后保存在没有阳光直接照射的地方，也不要存放在有油污、腐蚀物及烟雾的地方。无论在何种情况下，都不要使水带沾上机油、柴油或汽油等油类物质，不要对水带涂松香和其他黏性的物质。水带在使用前，须清除其接触面的白粉。

7）把所有螺钉、螺栓用钢丝刷刷洗干净，并涂上机油或浸在柴油中保存。

2. 泵的检修

水泵需要做定期的检修，泵的检修是避免缺陷和问题扩大化的重要措施，是为延长机组使用寿命、提高设备完好率、节约能源创造条件。定期检修又分局部性检修、机组大修和扩大性大修三种。

（1）局部性检修　局部检修包含了以下几点：

1）全调节水泵调节器铜套与油套的检查。

2）离心泵轴承的检查。

3）温度计、仪表、继电保护装置等的检查、检验。

4）上、下导轴承油槽位及汽轮机油取样化验。

5）轴瓦间隙及瓦面检查。根据运行时温度计的温度，有目的地检查轴瓦间隙和轴面情况。

6）制动部分的检查。

7）机组各部分紧固件，如地脚螺栓、轴键、定位销钉是否松动。

（2）机组大修　机组大修是一项有计划的管理工作，通过大修恢复机组的技术情况。机组的损坏一是事故损坏，发生的几率很小；二是正常性损坏，如运行的摩擦磨损、汽蚀损坏、泥沙磨损、各种干扰引起的振动、交流应力的作用和腐蚀、电气绝缘老化等。

（3）扩大性大修　当泵房由于基础不均匀沉陷等而引起机组轴线偏移、垂直同心度发生变化；或零部件严重磨损、损坏，导致机组性能及技术经济指标严重下降而必须进行整机解体，重复修复、更换、调整并进行部分改造。

【任务实施】

1. 观察泵的结构

到当地的泵制造企业，现场观察泵的结构，查看叶轮（如有叶轮）、泵轴、泵壳、泵盖、密封环、密封部件、中间支承等部件，观察泵体的形状，叶轮的性质，根据观察结果，判别泵的类型，并举出该类型泵的特点，分析该泵的应用场合。

2. 观察泵的运行，分析工作原理

在企业生产车间或实训工场，观察某台水泵的运行，根据其运行状态判断泵的类型，指出其工作原理，在专业人员或专业老师的指导下，熟悉该泵的运行原理，并了解该类泵的机械构造特点。

3. 了解泵的保养

在企业现场或者实训场地，在专业人员的指导下，对运行多年的泵进行检查，如拆卸方便，可将水泵和管路拆下来，并清理干净。检查滚珠轴承，如内外套磨损、旷动、滚珠磨损或表面有斑点等都要更换，检查叶轮上是否有裂痕或小孔，叶轮固定螺母是否松动，检查叶轮减磨环处间隙。

【学习小结】

本任务介绍了水泵的分类及其型号参数，根据安全压强高低、工作原理和输送介质，水泵可以分为三大类，每一类水泵又可细分为多个小类。另外，本任务主要介绍了几种典型的水泵，分析了它们的工作原理，概述了它们的机械结构，对应用最为广泛的离心泵进行了详细的叙述和分析，最后，介绍了水泵的保养和维护。

【想想 练练 做做】

1. 判断图 6-24 所示的泵，根据工作原理划分为何种泵。

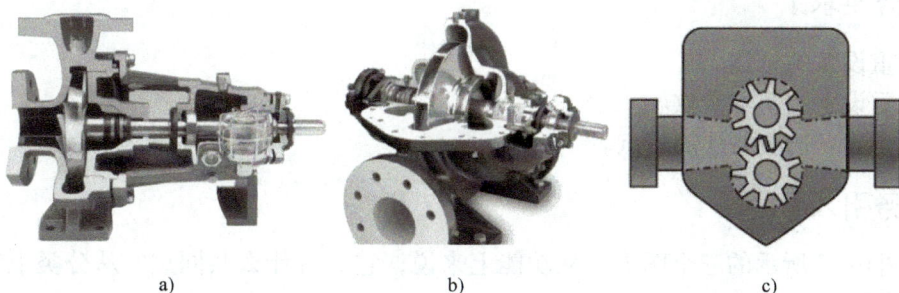

a)   b)   c)

图 6-24 泵

2. 根据图 6-25 所示泵的结构，分析其工作过程。

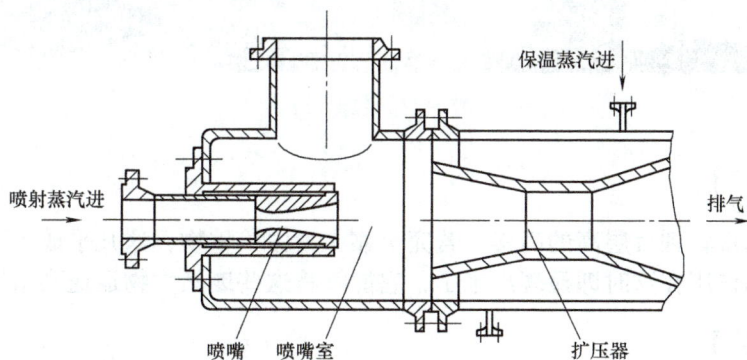

图 6-25 泵结构示意图

3. 分析离心泵、轴流泵、混流泵、齿轮泵、活塞泵和喷射泵各自的特点。

4. 观察图 6-26 所示泵的结构，分析它的应用场合。

图 6-26 泵的结构图

任务二　认识起重设备

【任务要求】

- 起重设备的分类。
- 起重设备的基本参数。
- 起重设备的主要性能特点。

【任务引入】

观察图 6-27 所示的三个图形，从功能上来说，它们有什么共同点？从分类上来说，它们各属于哪类？

图 6-27　起重设备

【任务分析】

从百吨重的重物到百层高的高楼，若完全靠人力去抬重物，这几乎成了不可能完成的任务，起重设备的作用在这时即显现出来了，它能够将这些庞然大物运送到指定的地方。

【相关知识】

起重机械是一种对重物能同时完成垂直升降和水平移动的机械，在工业和民用建筑工程中作为主要施工机械而得到广泛应用。

起重设备种类比较繁多，主要是按运动方式分类，可分为轻小型起重机械、桥式类型起重机械、臂架类型起重机械和升降类型起重机械四种基本类型。

一、起重设备的分类

起重设备的分类及用途见表 6-6。

表 6-6　起重设备的分类及用途

分　类	名　称	图　例	用　途
轻小型起重机械	千斤顶		作业范围以点、线为主

（续）

分　类	名　称	图　例	用　途
轻小型起重机械	葫芦		作业范围以点、线为主
	绞车		
	升降机		
桥式类型起重机械	桥式起重机械		作业范围：车间、仓库、露天堆场等处的物品装卸
	缆索式起重机械		

（续）

分　类	名　称	图　例	用　途
臂架类型起重机械	塔式起重机械		作业范围多用于露天装卸及安装等工作
	门类起重机械		
	平衡起重机	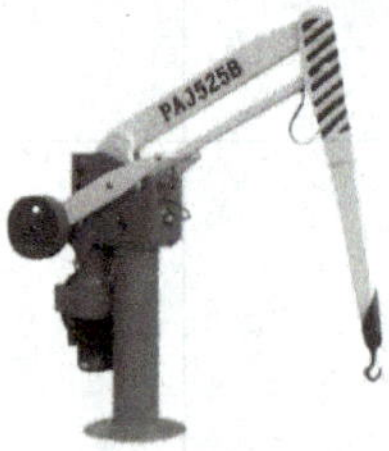	

二、基本结构

起重机由驱动装置、工作机构、取物装置、操纵控制系统和金属结构组成。通过对控制系统的操纵，驱动装置将动力能量输入转变为机械能，将作用力和运动速度传递给取物装置，取物装置把被搬运物料与起重机联系起来，通过工作机构单独或组合运动，完成物料搬运任务。可移动的金属结构将各组成部分连接成一个整体，并承载起重机的自重和吊重。

三、基本参数

起重机主要参数是表征起重机主要技术性能指标的参数，是起重机设计的依据，也是起重机安全技术要求的重要依据。

1. 起重量（G）

起重量是指被起升重物的质量，单位为 kg 或 t，可分为额定起重量、最大起重量、总起重量和有效起重量等。

该参数需要的说明：

1）起重机标牌上标定的起重量，通常都是指起重机的额定起重量，应醒目标识在起重机结构的明显位置上。

2）对于臂架类型起重机来说，其额定起重量是随幅度而变化的，其起重特性指标是用起重力矩来表征的。标牌上标定的值是最大起重量。

3）带可分吊具（如抓斗、电磁吸盘、平衡梁等）的起重机，其吊具和物料质量的总额定起重量，允许起升物料的质量是<u>有效起重量</u>。

2. 起升高度（H）

起升高度是指起重机运行轨道顶面（或地面）到取物装置上极限位置的垂直距离，单位为 m。<u>通常用吊钩时，算到吊钩钩环中心；用抓斗及其他容器时，算到容器底部</u>。

3. 跨度（S）

跨度是指桥式类型起重机运行轨道中心线之间的水平距离，单位为 m。

4. 幅度（L）

旋转臂架式起重机的幅度是指旋转中心线与取物装置铅垂线之间的水平距离，单位为 m。非旋转类型的臂架起重机的幅度是指吊具中心线至臂架后轴或其他典型轴线之间的水平距离。

当臂架倾角最小或小车位置与起重机回转中心距离最大时的幅度为最大幅度；反之为最小幅度。

5. 工作速度（V）

工作速度是指起重机工作机构在额定载荷下稳定运行的速度。

四、主要性能特点

1）起重设备通常结构庞大，机构复杂，能完成起升运动、水平运动。

2）起重设备可吊运的重物多种多样，载荷是变化的。

3）大多数起重设备需要在较大的空间单位内运行。

4）有的起重机需要直接载运人员在导轨、平台或钢丝绳上做升降运动，其可靠性直接影响人身安全。

5）起重设备暴露的、活动的零部件较多，且常与吊运作业人员直接接触，潜在许多偶发的危险因素。

6）作业环境复杂。

7）起重业中常需要多人配合，共同进行。一个操作，要求指挥、捆扎、驾驶等作业人员配合熟练、动作协调、互相照应。

【任务实施】

观察周围的起重设备

仔细观察人们身边有哪些起重设备，将起重设备拍下来，并根据所学知识进行分类。

【学习小结】

本任务主要介绍了起重设备的分类、组成和基本参数，能对起重设备的分类有更深的认识。

【想想 练练 做做】

识读起重设备的铭牌（图6-28），简述它的信息内容。

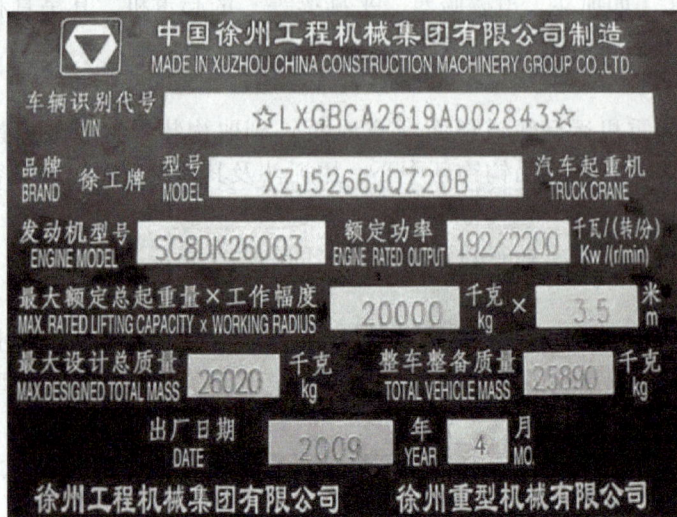

图 6-28　起重设备铭牌

模块七

设备管理与安全使用规范

【导 读】

机电设备的管理是现代企业管理的重要组成部分，是以研究如何合理、高效、经济地使用企业设备为研究对象，追求设备综合效率与寿命周期费用的经济性。从设备的运行管理、设备的维修管理、设备的改造和更新管理、设备的资产管理等重要工作内容出发，讲述设备管理的重要知识。要使设备充分发挥作用，提高经济效益，长期保持良好的性能和精度，延长寿命、减少故障和修理工作量，就必须对设备合理使用、精心维护。通过对通用机电设备的使用和维护有关知识的学习，掌握其安全操作规范。

学习目标

1. 培养学生现代设备管理的综合管理认知，具备设备管理知识的基本认知能力。
2. 了解设备管理的含义、管理内容及设备管理的发展阶段。
3. 学习通用机电设备的使用和维护知识，掌握其安全使用规范。

任务一　　了解设备管理的基本知识

【任务要求】

- 设备管理的含义。
- 设备管理的主要内容。
- 设备管理的发展阶段。

【任务引入】

某同学入职某机床厂从事设备管理方面的工作，作为他的上司，该如何描述他的管理对象和工作内容？

【任务分析】

机电设备管理是工业企业管理的主要组成部分，随着科学技术的进步和企业生产力水平的提高，它已逐步形成和发展成为一门综合性科学，且与企业的生产经营活动息息相关。从事设备管理方面的工作，首先应对自己的工作内容和范围有所了解和熟悉。

【相关知识】

一、设备管理的含义及管理内容

1. 设备管理的含义及对象

设备管理又称设备工程管理，是以提高设备综合效率、追求寿命周期费用经济性、实现企业生产经营目标为目的，运用现代科学技术管理理论和管理方法，对设备寿命周期（规划、设计、制造、购置、安装、调试、使用、维护、修理、改造、更新到报废）的全过程，从技术、经济、管理等方面进行综合研究和管理。

设备管理的对象是设备（成套设备和单台设备）。企业管理工作中所指的设备是：符合固定资产条件的，且能独立完成至少一道生产工序或提供某种效能的机器、设施以及维持这些机器、设施正常运转的附属装置。所以，只有具备直接或间接参与改变劳动对象的形态和属性，并在长期使用中保持其原有形态和属性的劳动资料才被看作设备。

2. 现代设备管理的基本内容和主要特点

现代设备管理的基本内容包括两部分：

1）对设备实施综合的管理。

2）追求设备寿命周期费用的经济性。

其中，设备的运行管理、设备维修、设备更新、新设备规划购置对设备的合理管理有着特别重要的意义。

由于设备寿命周期费用中的设备维持费远高于设备设置费，因此，应运用寿命周期费用评价法使其总和达到最经济，其要点是：选择和开发设备系统以寿命周期费用为基础，而不是着眼于前期的设置费用。以经济的寿命周期费用最低的原则，使设备取得尽可能大的经济效益。设备管理的目标就是追求设备寿命周期内的费用最经济，综合效率最高。

现代设备管理的主要特点：①设备综合管理和企业生产经营目标紧密相连，成为企业的主要支柱；②实现设备的全过程管理；③以提高设备综合效率和追求寿命最经济为目标；④管理内容有技术、经济、管理三方面；⑤追求寿命周期内无事故、无公害、安全生产。

3. 设备管理的主要内容

（1）设备的运行管理　设备在负载下运转并发挥其规定功能的过程，即为运行过程。设备在运行过程中，由于受到各种力的作用和环境条件、使用方法、工作规范、工作持续时间长短等的影响，其技术状态将发生变化而逐渐降低工作能力。要控制这一时期的技术状态变化，延缓设备工作能力下降的进程，除应创造设备工作的环境条件外，还要用正确合理的使用方法、严格遵守工作规范，控制持续工作时间，精心维护设备。

在设备运行中，对影响设备正常运行的一些关键部位（即"点"）进行管理制度化、操作技术规范化的检查维护工作称为设备点检。

按目的分类，点检可分为倾向点检和状态点检。按周期分类，点检可分为日常点检（周期不超过 24h）和定期点检。按点检方法分类，点检可分为重点点检（周期一般为 1~4 周）、解体点检（按实际要求定周期）、重合点检（按计划要求定周期）和精密点检（根据有关规定周期一般在一个月以上）。按分工分类，点检可分为操作点检（由岗位操作工进行）和专业点检（由社保点检工进行）。

（2）设备的维修管理　设备的维修管理是一种生产组织过程中设备计划检修的基本形式，是以设备的实际状况为基础的一种检修管理制度，其目的是为了经济、安全、高效地进行检修。定修计划的科学与否反映了一个企业设备管理水平的高低。首先，项目计划的来源是三级点检的结果。点检人员根据设备点检的结果，分析其运行状态，参照设备状态管理模型，在充分考虑检修周期、时间、经济性等方面后制订出项目、备件和材料计划。其次，定修计划是企业资源和社会资源优化的结果。组织者应根据设备状况和单位生产经营情况，在充分考虑内外资源（人力、技术、能源、季节等）的前提下，制订出科学的检修时间、周期表和网络图。第三，定修制是一种系统管理，在现代化大型

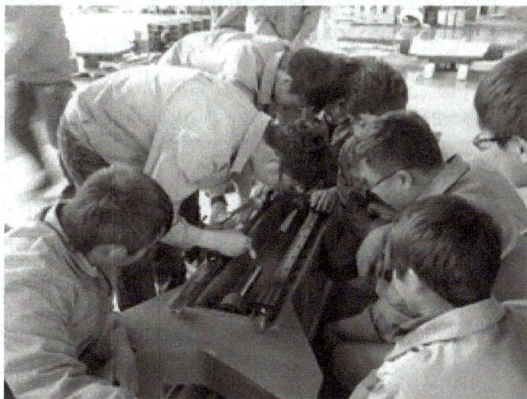

图 7-1　正在进行设备维修

（联合）企业中，由于工艺链长，检修队伍多，技术要求高，对备件材料到位率要求高，并随着设备检修的专业化、社会化的不断完善，要求组织者要系统地优化定修模型，达到安全、优质、高效、经济的目的。图 7-1 所示为正在进行设备维修。

设备在使用过程中，随着零部件磨损程度的逐渐增大，设备的技术状态将逐渐劣化，以致使设备的功能和精度难以满足产品质量和产量的要求，甚至发生故障。为此必须对设备进行维修，使其达到按计划所需的合理程度。

设备维修的核心问题就是要根据设备的磨损情况，结合企业的经营目标，对具体设备选择合理的维修策略、安排维修计划并付诸实施。现代维修需要全面考虑具体的维修时间范围、经营目标、消耗情况、维修技术及组织管理等问题。设备维修类别通常有四种：大修、中修、项修和小修。

1）大修是一种对设备整体进行恢复性定期计划修理的方法。修理时应将设备大部或全部解体，修复基准件，修复或更换磨损的全部零部件，同时检查、修理、调整设备的电气系统，全面消除故障和缺陷，并进行外部喷漆，以恢复设备规定的精度、性能和外观。

2）中修是对设备进行部分解体，修理或更换主要零部件与基准件，或修理使用期限等于或小于修理间隔期的零件。很多企业用项修代替中修。

3）项修是根据设备实际技术状态，对状态劣化已满足不了工艺要求的设备精度和性能项目，按实际需要进行针对性的修理。项修时一般要进行部分解体，检查、修复或更换磨损失效的零（部）件，必要时对基准件进行局部修理和校正坐标，从而恢复所修部分的精度和性能，并同时进行外观局部补漆。其工作量按实情而定。

4）小修是按照设备定期维修规定的内容，对日常点检和定期检查中所发现的问题，拆

卸有关的零部件，进行检查、调整、修复或更换失效的零件，以恢复设备的正常功能。

（3）设备的改造和更新管理 设备的技术改造是指应用现代科学技术的成就和先进经验，改变现有设备的结构，安装或更换新部件、新装置、新附件以补偿设备的无形磨损和有形磨损。通过技术改造，改善原有设备的技术性能、增加设备的功能，使之达到或局部达到新设备的技术水平。

设备更新是以比较经济和较完善的设备，代替物质上不能继续使用或经济上不宜继续使用的设备。

在对设备作出更新决策时，主要考虑以下情况：设备技术状态劣化导致部分或全部丧失功能，无法或没必要再修；高新技术设备大量出现，在很大程度上取代了原有设备，继续使用旧设备将导致经济性能劣化。出现上述情况时，才考虑将设备更新。而不顾客观现实条件，强行提前更新设备或勉强将一些技术条件尚不成熟的工艺和设备用于更新，将产生严重的经济后果。

（4）设备资产管理 设备资产管理是企业固定资产管理的重要组成部分，是对属于固定资产的机械及动力设备进行的有效管理，主要任务是为掌握设备的动态和现状，及时正确地登记好资产卡片；按规定正确地计算折旧费和大修理费，以保证设备的更新和改造资金；充分利用设备，减少闲置，提高设备的投资效益。内容包括：设备的分类与编号；账卡、物、图牌板管理；设备档案管理；移动设备管理；设备的封存与闲置设备的处理；设备的租赁管理等。

当然，设备资产管理是企业设备管理的一项基础工作，不仅是设备管理部门的主要任务，还涉及企业的财务部门、使用设备单位及其他有关部门，因此，要做好设备资产管理工作，在各有关部门同心协力的基础上，必须进行明确的分工，建立相应的责任制。一般情况下，设备管理部门主要负责设备资产的验收、保管、编号、移装、调拨、出租、清查盘点、报废清理、更新等管理工作；使用单位主要负责设备资产的正确使用、妥善保管和精心维护及检修，并对设备资产保持完好和有效利用负直接责任；财会部门主要负责组织制定固定资产管理的责任制度和相应的凭证审查手续，协助各部门、各单位做好固定资产的核算工作。

二、设备管理的发展

设备管理的发展大体上可以分为三个阶段。

（1）事后维修阶段 事后维修主要发生在1950年以前。18世纪后期，机器大工业开始，这时设备维修较为简单，一般是操作工人兼作维修工。事后维修就是设备出了故障才进行维修，随着机器的复杂程度越来越高，操作工已无法兼顾维修工作，于是设备维修逐渐从生产中分离出来，形成独立的维修队伍，这样既便于管理，又便于提高工作效率。

（2）预防性定期修理阶段 从20世纪50年代，特别是第二次世界大战后，生产方式由单件生产发展到流程式的大批生产，生产设备不仅总量剧增，类型更多，而且结构更趋复杂，效率大大提高，设备故障对生产的影响显著增大，维修工作量和维修费用也大为增加，在此基础上产生了以预防为中心的管理思想。以设备的磨损规律为基础，以设备开动台时为依据，由一系列设备的日常检查和定期检查、小修、中修和大修等组成，加强设备使用时的维护保养，在设备发生故障前进行预防维修，以减少故障停机产生的直接和间接损失。

（3）综合管理阶段 20世纪60、70年代是世界经济迅速发展的时期，同时，国际上设备管理的理论与实践也出现了重大发展。在设备维修预防的基础上，从行为科学、系统理论的观点出发，于 70 年代初，形成了设备综合管理的概念。它是对设备实行全面管理的一种重要方式，主要包括设备综合工程学和全员生产维修。

"设备综合工程学"是以设备寿命周期费用最经济为设备管理目标。对设备进行综合管理，紧紧围绕四方面内容展开工作：

1）以工业管理工程、运筹学、质量管理、价值工程等一系列工程技术方法，管好、用好、修好、经营好机器设备。对同等技术的设备，认真进行价格、运转、维修费用、折旧、经济寿命等方面的计算和比较，把好经济效益关。建立和健全合理的管理体制，充分发挥人员、机器和备件的效益。

2）研究设备的可靠性与维修性。无论是新设备设计，还是老设备改造，都必须重视设备的可靠性和维修性问题，因为提高可靠性和维修性可减少故障和维修作业时间，达到提高设备有效利用率的目的。

3）以设备的一生为研究和管理对象，即运用系统工程的观点，把设备规划、设计、制造、安装、调试、使用、维修、改造、折旧和报废的全生命周期作为研究和管理对象。

4）促进设备工作循环过程的信息反馈。设备使用部门要把有关设备的运行记录和长期经验积累所发现的缺陷，提供给维修部门和设备制造厂家，以便他们综合掌握设备的技术状况，进行必要的改造或在新设备设计时进行改进。

综合管理是设备管理现代化的重要标志，其主要表现有：① 设备管理由低水平向制度化、标准化、系列化和程序化发展。1987 年国务院正式颁布了《全民所有制工业交通企业设备管理条例》，使设备管理达到"四化"有了方向和依据。②由设备定期大小修、按期按时检修，向预知检修、按需检修发展。状态监测技术、网络技术、计算机辅助管理在许多企业得到了应用。③由不讲究经济效益的纯维修型管理，向修、管、用并重，追求设备一生最佳效益的综合型管理发展。实行设备目标管理，重视设备可靠性、维修性研究，加强设备投产前的前期管理和使用中的信息反馈，努力提高设备折旧、改造和更新的决策水平以及设备的综合经济效益。④由单一固定型维修方式，向多种维修方式、集中检修和联合检修发展。设备维修从企业内部走向了社会，从封闭式走向开放式、联合式，这是设备管理现代化的一个必然趋势。

5）由单纯行政管理向运用经济手段管理发展。随着经济承包责任制的推广，运用经济杠杆代替单靠行政命令，按章办事的设备管理方法正在大多数企业推行。

6）维修技术向新工艺、新材料、新工具和新技术发展，如热喷涂、喷焊、堆焊、电刷镀、化学堵漏技术，废渣、废水利用新工艺，以及防腐蚀、耐磨蚀新材料，得到了广泛应用。

以上三个阶段的划分并不意味着设备管理和维修模式的孰优孰劣问题。维修模式的选择要根据企业的生产形式、设备在生产中的作用以及其他诸多因素做出决策。

【任务实施】

设备管理的对象是设备，是对设备整个寿命周期的全过程进行管理，主要包括了设备运行管理、设备维修管理、设备更新与新设备规划购置和设备资产管理，不同岗位的工作人员具有对应的不同的工作内容和工作职责。

【学习小结】

本任务主要介绍了设备管理的含义、基本内容，以及设备管理的发展阶段。

【想想 练练 做做】

1. 设备管理的基本任务是什么？
2. 做好设备综合管理的措施有哪些？
3. 何为设备资产管理？其主要内容和任务有哪些？

【任务拓展】

1. 日本的全员生产维修

全员生产维修（Total Productive Maintenance，TPM）被认为是日本版的综合工程学，其基本概念、研究方法和所追求的目标与综合工程学大致相同，也是现代设备管理发展中的一个典型代表。

1971 年，日本维修工程师协会（JIPE）对全员生产维修（TPM）下的定义是：①以达到设备综合效率最高为目标；②确立以设备一生为对象的全系统的预防维修；③涉及设备的计划部门、使用部门、维修部门等所有部门；④从领导者到第一线职工全体参加；⑤通过小组自主活动推进预防维修。

全员生产维修的主要做法：

（1）自主维修　日本学者中岛清一把"操作者的自主维修（小组活动）"看作 TPM 最大的特点。TPM 从上到下向全体人员灌输"自己的设备由自己管"的思想，使每个操作人员掌握能够自主维修的技能，并且采取了开展 PM（Productive Maintenance）小组活动这种组织形式。

（2）5S 活动　开展 5S 活动是日本 TPM 自主维修中的一项重要内容。"5S"是指整理、整顿、清洁、清扫和素养。由于这五个词的日文读音罗马拼音字母的第一个字母都是 S，所以称为"5S"活动。图 7-2 所示为 5S 管理的车间现场图片。5S 的具体含义是：

1）整理——把紊乱的东西收拾好，不用的东西清除掉。

2）整顿——把物品分类整齐存放，需用时能够马上拿到手。

图 7-2　5S 管理的车间

3）清洁——经常保持机器设备和操作现场的清洁卫生，使粉尘、烟雾、废液等充分排出。

4）清扫——及时打扫，不让尘土、油污、杂物存留。

5）素养——有良好的举止作风，讲礼貌、守纪律；决定了的事情一定要遵守。

前 4 个 S 要靠第 5 个 S 来保证和提高。如果企业上下人人都能执行"决定了的事一定要遵守"这一准则，设备的操作规程、安全规程、产品质量标准、交货期等都能认真履行，企业就必定能够实现优质、高产、低耗和安全。

（3）点检　开展点检是 TPM 自主维修中的另一项重要内容。所谓点检，是指按照一定的标准，对设备的规定部位进行检测，使设备的异常状态和劣化能够在早期发现。设备点检一般分为日常点检和定期点检等。

日常点检检查周期多为每天、每周，一般都在一个月以内。主要由操作人员负责，以人体感官感觉为主，实施点检的主要依据是点检卡片。定期点检的检查周期一般在一周或一个月以上，主要由专业维修人员负责，依靠人体感官和专门仪器检查，定期点检卡一般由设备技术人员编制。

（4）局部改善　所谓局部改善，是指对现有设备局部地改进设计和零部件改造，以改善设备的技术状态，更好地满足生产需要。设备故障的类型很多，既有规律性故障，也有无规律的突发故障。因此，单靠实行预防修理还不能完全消灭故障，故 TPM 十分重视对设备进行局部改善。

局部改善有两种类型：①群众性的局部改善活动，它与操作工的自主维修紧密结合，由操作工组成的 PM 小组针对设备的一般缺陷列出课题，分析研究，提出合理化建议。然后，自己动手逐个解决，诸如漏油、点检不便、不安全、工具与零件存放不便等缺陷。工厂把合理化建议实现的建树作为评估各单位 TPM 开展效果的重要指标。②对于设计制造上较大的后遗症或重点设备上的问题，由设备管理部门、维修部门、生产现场人员组成设计小组，针对问题花大力气改进设计、消除缺陷，达到要求的技术状况。

2. 美国的全面质量计划维修

TPQM（Total Planning Qualitative Maintenance）是全面质量计划维修的简称，它强调质量过程、质量规定和维修职能的重要性，强调认真选择最佳维修方式，以达到高标准的质量、设备的安全性、可靠性、经济性和有效利用率。TPQM 的管理维修职能可以分为 10 项要素。

（1）组织　建立合理的组织机构和健全各项责任制度。

（2）状态管理　对设备的实际状态和功能的管理，对设备鉴定的技术文件的管理，对维修资源的整合等综合管理。

（3）保障　对保障维修的后勤项目进行有效的管理。

（4）质量考核标准　对维修全过程的各项要素都要指定质量考核标准，并严格执行。

（5）工作控制　对整个维修过程中的工作计划、工作进度和实施情况进行严格控制。

（6）维修管理信息系统　反映设备维修的各项记录管理，包括设备跟踪、维修效果与质量标准的比较等各项内容。

（7）维修任务　明确规定出需要执行的预防维修、预测维修、恢复性维修等任务的工作范围、次数和责任人。

（8）技术文件　对技术说明书、图样、合同及有关维修的技术文件加以有效的管理。

（9）维修技术　正确地使用维修工具，认真地执行维修工艺，维修人员应能掌握先进的维修手段和技术并能正确地评价维修计划执行的情况。

（10）人力资源　对维修人员的技术培训，使其能完成维修工作中规定的各项要求。

任务二　　了解通用机电设备的使用与维护

【任务要求】

- 设备合理使用的原则和要求。
- 通用机电设备的操作规范。
- 机电设备的维护。

【任务引入】

　　某同学进入加工车间对机床等设备进行调查分析，制作了一份设备维护保养记录表（表7-1），试问该同学做了哪些事情。

表 7-1　设备维护保养记录表

单位：　　　　　　使用人员：

设备名称　　　　　设备型号：　　　　　　　　　　记录月份：　　年　　月

序号	日常保养点检内容	1	2	3	4	5	6	7	8	9	10	11	12	13	14	15	16	17	18	19	20	21	22	23	24	25	26	27	28	29	30	31
1	检查机身是否干净、整洁																															
2	检查各紧固点是否有松动、连接点是否灵活																															
3	检查电控箱、电气线路是否有损坏																															
4	检查各转向装置是否灵活可靠																															
5	检查各油路接口是否漏油																															
6	检查油缸是否伸缩自如																															
7	检查各润滑点是否缺油																															
	验收人签字																															

　　注意：是√，否×，每天必须对设备进行检查签字，找负责人签字确认

【任务分析】

　　安全是机电设备使用的头等大事。无论在任何场合，使用任何设备，都必须遵守安全管理规定和设备安全规定，树立安全生产意识。使用机电设备过程中，要遵守操作规范和对其进行维护和保养。

【相关知识】

一、设备的合理使用

1. 设备合理使用的原则和要求

设备合理使用的原则：在加强设备维护修理、确保安全的前提下，满负荷、高效率、常

使用、快更新、充分发挥设备的综合效益。

设备合理使用的具体要求：

1）根据设备的技术条件，合理安排加工任务和工作负荷。

2）根据不同类型设备的要求，合理选配相应的操作人员。

3）实行定人定机制度。

4）制订和严格遵守设备使用维修规程。

5）遵守设备使用维护的基本守则。

用好设备的关键在于操作人员的素质，对操作人员素质的基本要求是做到"三好""四会""四项要求"和遵守"五项纪律"。其中，"三好"是指管好、用好和修好。"四会"是指会使用、会保养、会检查和会排除故障。"四项要求"是指整齐、清洁、润滑和安全。"五项纪律"是指凭操作证使用设备，遵守安全操作规程；保证设备清洁，并按规定加油；遵守交接班制度；管好工具、附件，不得丢失；发现故障立即停车，自己不能处理的应及时上报。

2. 设备的安全操作规范

安全管理包括以下基本活动：

1）确定安全管理的目标和方针，并指定相应的规划和计划。

2）拟定安全管理各项可行方案，选择和确定最优化方案。

3）确定最好的设备和人员安全配置。

4）对生产过程（设备使用过程）进行安全组织，保证安全管理系统的运转。

3. 企业安全生产

（1）安全生产责任制

1）企业各级领导在管理生产的同时，必须负责管理安全工作，认真贯彻执行国家有关劳动保护的法令和制度，在计划、布置、检查、总结、评比生产的同时，要计划、布置、检查、总结、评比安全生产活动。

2）企业中生产、技术、设计、供销、运输、财务等各有关专职机构，都应在各自业务范围内，对实现安全生产的要求负责。

3）企业应根据实际情况加强劳动保护工作机构或专职人员的工作。

4）企业内各生产小组应设有不脱产的安全员。

5）企业职工应自觉遵守安全生产规章制度，不违章作业，并要制止他人违章作业，积极参加各种安全生产活动，主动提出改进安全工作的意见，爱护和正确使用机器设备、工具及个人防护用品。

（2）安全生产教育制

1）企业必须认真对新员工进行安全生产的企业教育、车间教育和现场教育，并要求他们经过考试合格后，才能进入操作岗位。

2）对于电器、起重、锅炉、受压容器、焊接、车辆驾驶等特殊工种的工人，必须进行专门的安全操作技术训练，经过考试合格后，才能准许上岗。

3）企业必须建立安全活动日和班前、班后、会上检查安全生产情况等制度，对职工进行经常性的安全教育，并且注意结合职工文化生活，进行各种安全生产宣传。

4）在采用新的生产方法、添加新的技术设备、制造新的产品或调换工人工作时，必须对工人进行新操作法和新工作岗位的安全教育。

4. 机电设备安全技术要求

机电设备首先要符合安全技术要求。不同类型的机电设备，安全技术要求的内容侧重不同。如对电器部分有针对于触电安全防护、防雷防护、静电防护等的电气安全技术措施；对起重设备有针对于起重机零部件、安全设置、操作要求的起重安全技术措施等。

5. 常见机电设备的操作规范

（1）固定砂轮机 如图7-3所示，固定砂轮机多用于修磨刀具，由于砂轮机工作时转速高，修磨过程多用手工操作，因此操作时特别要注意以下几个问题：

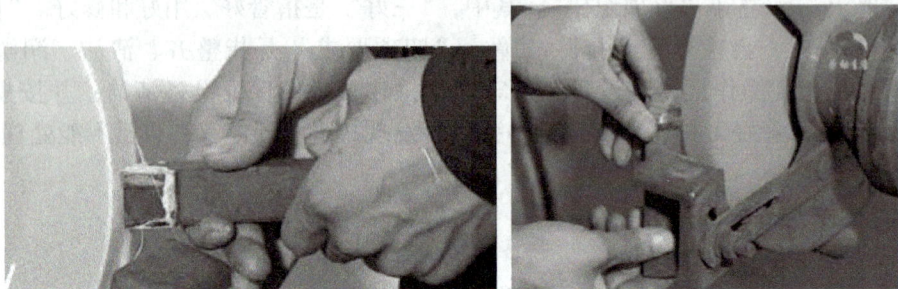

图7-3 固定砂轮机的正确操作

1）严禁侧面磨削，严禁正面操作。

2）不得用力操作，严禁共同操作。

3）严禁超磨损，严禁超过有效期。

4）发现砂轮局部出现裂纹，应立即停止使用，重新更换新的砂轮。

5）严禁私自乱用砂轮机，严禁私自更换、安装砂轮。

6）严禁砂轮机在无人使用、无人管理的情况下空转。

（2）钻床

1）操作前要穿紧身防护服，袖口扣紧，上衣下摆不能敞开，严禁戴手套，不得在开动的机床旁更换衣服，或围布于身上，防止机器绞伤。女生必须戴好安全帽，辫子应放入帽内，不得穿裙子、拖鞋。

2）开车前应检查机床传动是否正常，工具、电气、安全防护装置、切削液挡水板是否完好，钻床上保险块、挡块不准拆除，并按加工情况调整使用。

3）摇臂钻床在校夹或找正工件时，摇臂必须移离工件并升高，停车，必须用压板压紧或夹住工作物，以免回转甩出伤人。

4）钻床床面上不要放其他东西，换钻头、夹具及装卸工件时须停车进行。带有毛刺和不清洁的锥柄，不允许装入主轴锥孔，装卸钻头要用楔铁，严禁用锤子敲打。

5）钻小的工件时，要用台虎钳，夹紧后再钻。严禁用手去碰转动着的钻头。

6）薄板、大型或长形的工件竖着钻孔时，必须压牢，严禁用手扶着加工，工件钻通孔时应减压慢速，防止损伤平台。

7）机床开动后，严禁戴手套操作，清除铁屑要用刷子，禁止用嘴吹。

8）钻床及摇臂转动范围内，不准堆放物品，应保持清洁。

9）工作完毕后，应切断电源，卸下钻头，主轴箱必须靠近端部，将横臂下降到立柱的下部边缘，并停车，以防止发生意外。同时清理工具，做好机床保养工作。

（3）卧式车床

1）操作前要穿紧身防护服，袖口扣紧，上衣下摆不能敞开，严禁戴手套，不得在开动的机床旁穿、脱换衣服，或围布于身上，防止机器绞伤。女生必须戴好安全帽，辫子应放入帽内，不得穿裙子、拖鞋。要戴好防护镜，以防铁屑飞溅伤眼。

2）车床开动前，必须按照安全操作的要求，认真仔细检查机床各部件和防护装置是否完好，应加油润滑机床，并低速空载运行 2~3min，检查机床运转是否正常。

3）车偏心重物或重物时要按轻重搞好平衡，工件及工具的装夹要紧固，以防工件或工具从夹具中飞出，卡盘扳手、套筒扳手要拿下。

4）机床运转时，严禁戴手套操作，严禁用手触摸机床的旋转部分，严禁在车床运转中隔着车床传送物件。装卸工件、安装工具、加油以及打扫切屑时均应停车进行。清除铁屑应用刷子或钩子，禁止用手清理。

5）机床运转时，不准测量工件，不准用手去制动转动的卡盘；用砂纸时，应放在锉刀上，严禁戴手套用砂纸操作，磨破的砂纸不准使用，不准使用无柄锉刀，不得用正反车电闸制动，应经中间制动过程。

6）加工工件时应按机床技术要求选择切削用量，以免机床过载造成意外事故。

7）停车时应将刀退出。切削长轴类工件须使用中心架，防止工件弯曲变形伤人；伸入床头的棒料长度不应超过床头立轴，并应慢车加工。

8）高速切削时，应有防护罩，工件、工具的装夹要牢固，当铁屑飞溅严重时，应在机床周围安装挡板，使之与操作区隔离。

9）机床运转时，操作者不能离开机床，发现机床运转不正常时，应立即停车，应让维修人员检查修理。当突然停电时，要立即关闭机床，并将刀具退出工作部位。

10）工作时须侧身站在操作位置，禁止身体正面对着转动的工件。

11）工作结束时，应切断机床电源或总电源，将刀具和工件从工作部位退出，清理安放好所使用的工具、夹具、量具，并清扫机床。

（4）数控车床

1）进入数控车削实训场地后，应服从安排，不得擅自起动或操作车床数控系统。

2）按规定穿、戴好劳动保护用品。

3）女生不得穿高跟鞋、拖鞋上岗，不允许戴手套和围巾进行操作。

4）开机床前，应该仔细检查车床各部分机构是否完好，各传动手柄、变速手柄的位置是否正确，还应按要求认真对数控机床进行润滑保养。

5）操作数控系统面板时，对各按键及开关的操作不得用力过猛，更不允许用扳手或其他工具进行操作。

6）完成对刀后，要做模拟换刀试验，以防止正式操作时发生撞坏刀具、工件或设备等事故。

7）在数控车削过程中，因观察加工过程的时间多于操作时间，所以一定要选择好操作者的观察位置，不允许随意离开实训岗位。

8）操作数控系统面板及数控机床时，严禁两人同时操作。

9）自动运行加工时，操作者应集中注意力，左手手指应放在程序停止按钮上，眼睛观察刀尖运动情况，右手控制修调开关控制机床拖板运行速度，发现问题应及时按下停止按钮，以确保刀具和数控机床安全，防止各类事故发生。

10）加工结束时，除了按规定保养数控机床外，还应认真做好交接班工作，必要时应做好文字记录。

二、机电设备的维护

机电设备的维护是操作工为了保持设备的正常技术状态，延长使用寿命所必须进行的日常工作，也是操作工的主要责任之一。

1. 设备维护的"四项要求"

设备的维护必须达到以下"四项要求"：

（1）整齐　工具、工件、附件摆放整齐，设备零件及安全防护装置齐全。

（2）清洁　设备内外清洁、无油污。

（3）润滑　润滑装备齐全、符合要求。

（4）安全　设备使用时注意观察运行情况，不出安全事故。

2. 设备维护的实施

设备的维护分为日常维护和定期维护两部分。对于不同的设备，具体的维护项目是不相同的，但维护的程序和要求基本一致。

（1）设备的日常维护

1）设备日常维护的分类：设备的日常维护包括每班维护和周末维护两种，由操作工负责进行。

每班维护要求操作工在每班生产中必须做到：班前对设备各部分进行检查，并按规定加油润滑；规定的点检项目应在检查后记录到点检卡上，确认正常后才能使用设备。设备运行中要严格按操作维护规程，正确使用设备，注意观察其运行情况，发现异常时要及时处理，操作工不能排除的故障应及时通知维修工检修，并由维修工在"故障修理单"上做好检修记录。下班前15min左右认真清扫，擦拭设备，并将设备状况记录在交接班簿上，办理交接班手续。

周末维护主要是在每周末和节假日前，用1~2h对设备进行较彻底的清扫、擦拭和涂油，并按设备维护"四项要求"进行检查评定，予以考核。日常维护是设备维护的基础工作，必须做到制度化和规范化。

2）设备日常维护保养的主要内容包括：揩车、加油润滑、巡回检查、重点检修和专业检修。

定期对设备进行清揩、除污、加油润滑，校正主要机件状态，更换、补齐缺损机件的工作称为揩车。揩车周期一般定为6~15天，在实际工作中，可根据设备不同状态确定。通常中、粗特纯棉纱周期短一些，为6~9天；细特纯棉纱、合纤混纺纱可长些。新机型由于润滑条件好、清洁装置功能强以及机器运转平稳、振动小，揩车周期可偏长，但最长不宜超过15天。

用润滑剂来减少两物体摩擦和磨损或其他形式的表面破坏的方法称为润滑。润滑工作是设备管理工作中非常重要的组成部分。在大、中、小型企业中，一般都设置集中管理形式或分级管理形式的设备润滑机构，以确保润滑工作的落实。

润滑的作用有：①降低摩擦作用；②减少磨损作用；③降低温升作用；④防锈保护作用。

润滑管理的实施要注意：①设备润滑"五定"，即润滑工作要实行定点、定质、定时、定量、定人的科学管理；②设备的清洗换油。

修理工在规定的重点检修区内进行巡回时，用目视（查失损件）、手摸（查发热和振动）、耳听（查异响）、鼻闻（查异味）、口问（问操作工）等各种方式，了解设备存在的问题，然后立即进行检修，这种检修称为巡回检修。巡回检修工作是保证机器设备正常安全生产的预防性维修工作，发现问题应立即修复。

有计划地对设备上的重点部件进行周期性的预防检修工作称为重点检修。重点检修是防止机器经过一段时间的运转，因位移、变形、磨损、振动和润滑不良等原因，造成工艺状态和机械状态出现问题，进而恶化，或出现机械故障隐患，影响产品质量和设备完好的检修工作。重点检修的周期一般与揩车间隔相当，定为 8 ~ 15 天，最好安排在两次揩车之间。

专业检修一般应用在机械运转状态不良的情况下，或者是质量原因，经分析确属某机械部件作用不良而造成，而不拆车维修难以完成质量指标的情况下。

（2）设备的定期维护　设备定期维护是在维修工的辅导配合下，由操作工进行的定期维护工作，是设备管理部门以计划形式下达执行的。两班制生产的设备约三个月进行一次，干磨多尘设备每月进行一次，其作业时间按设备复杂系数每单位为 0.3 ~ 0.5h 计算停歇，视设备的结构情况而定。精密、重型、稀有设备的维护和要求另行规定。图 7-4 列举了几种设备的维护。

图 7-4　设备维护中

设备定期维护的主要内容是：

1）拆卸指定的部件、箱盖及防护罩等，彻底清洗、擦拭设备内外。

2）检查、调整各部配合间隙，紧固松动部位，更换个别易损件。

3）疏通油路，增添油量，清洗过滤器、油毡、油线、油标，更换切削液和清洗切削液箱。

4）清洗导轨及滑动面，清除毛刺及划伤。

5）清扫、检查、调整电器线路及装置（由维修电工负责）。

设备通过定期维护后，必须达到：①内外清洁，呈现本色；②油路畅通，油标明亮；③操作灵活，运转正常。

【任务实施】

1．确定所要调查分析的是车间的机电设备。

2．对各类设备进行分析。查阅相关设备的使用说明书，对设备进行观察，分析其运动原理和作用，工作状态和现状。

3．查阅资料，确定需维护和保养的内容。

4．设计机电设备的维护记录表。

5．检查任务完成情况。

【学习小结】

本任务主要介绍了机电设备合理使用的原则和要求，通用机电设备的安全操作规范以及机电设备的维护。

【想想 练练 做做】

1．设备润滑的作用有哪些？

2．为了正确使用设备，对人员素质的要求有哪些？

3．企业安全管理包括哪些基本活动？

附　录

一、赛项目的

通用机电设备安装与维护赛项主要考核机电设备图样的识读，工艺过程的编写，机械部件的装配与调整，电器安装与电路连接，机电设备的程序编写与参数设置，系统维护与调试，机电设备的精度检测，机电设备的调试、运行、试加工及维护与保养等机电设备安装与维护类专业的核心技能与核心知识，赛项结合机电设备类中等职业学校相关专业教学标准，紧密结合行业和企业需求；操作技能对接国家职业标准，如《机械设备安装工国家职业标准》《装配钳工国家职业标准》《机修钳工国家职业标准》《维修电工国家职业标准》和《电气设备安装工国家职业标准》等。

赛项以机电设备装配与调试技术为背景，融入具有时代背景的新技能、新技术、新的生产理念，通过竞赛，展示参赛学生熟练的机电设备安装与维护方面的技能以及参赛队良好的精神面貌，检阅参赛队组织管理、团队协作、现场问题的分析与处理、工作效率、质量与成本控制、安全及文明生产等职业素养；促进产教融合人才培养模式的改革与创新，培养学生的可持续发展能力；展示职业教育改进与改革的最新成果，加快工学结合人才培养和课程改革与创新的步伐，引导职业教育关注在"机电设备安装与维护"方面的发展趋势及新技术应用，为行业、企业培养急需的机电设备安装与维护方面的高技能人才。

二、赛项设计原则

1. 坚持公开、公平、公正

赛项设计严格执行《全国职业院校技能大赛制度》，坚持公开、公平、公正三原则，赛前公开赛项技术文件，公开样题、评分标准和方法等；赛前召开赛项技术说明会，明确操作工艺规范和评分要求，专家与指导教师面对面交流。赛项所有技术资料和要求保证公开。

在赛项组织方面，按照大赛成绩管理办法的成绩管理流程执行，采用两次加密，成绩采用现场和过程评判相结合；严格把关专家和裁判选用制度，对裁判进行培训和考核，统一执裁尺度；赛场借鉴世界技能大赛模式，设置参观区域，允许观众和指导教师现场观摩大赛。按要求组织赛项各个环节，保证竞赛公开、公平、公正。

2. 赛项关联职业岗位面广、人才需求量大、职业院校开设专业点多

随着我国国民经济的持续快速发展，现代机电设备制造涉及的产品日趋精密、复杂，各种新技术、新装备不断涌现。从目前来看，我国机械行业的发展有两个显著特点：一是现代机械制造设备规模越来越大，自动化程度越来越高，社会需求持续增长；二是新技术、新设备、新材料、新工艺的应用和更新不断加快。这意味着机械行业需要大量既有较强的设计能力和操作能力，又具有一定机械方面和自动控制方面专业知识为背景的复合型技术人才，以解决机电设备的运行、维护、检修、装配、调试、售后服务等工作的基本需求。

赛项内容适合中职学校"机电技术应用""机电设备安装与维修""机械制造技术""机械加工技术""电气运行与控制""机电设备维修与管理""自动化生产设备应用""工程机械运用与维修"等20多个专业，学生就业面广；就业去向主要包括：工业企业机电设备的安装、调试、维护与管理，自动控制系统和生产过程领域的技术和管理工作，生产企业计算机控制系统及设备的运行、维护与管理工作，机电设备的技术销售与制造等工作。

3. 竞赛内容对应相关职业岗位或岗位群、体现专业核心能力与核心知识、涵盖丰富的专业知识与专业技能点

竞赛内容与实际应用技术相结合，包含电工电子技术、现代机械制造技术、自动检测技术、PLC技术应用、机电设备控制技术、可编程序控制器、自动控制系统技术、设备电气控制与维修技术、传感器技术、变频调速技术、低压电气控制技术、机电设备运行与控制技术等，培训学生对机械装调的基本工具和量具的使用能力，强化学生对机械设备的安装、调试、维护与管理等综合能力。竞赛内容对应行业岗位群包括：机械制造企业从事第一线工艺装配与实施，机电设备、自动化设备和生产线安装、调试、使用、维护、改装、修理与检测，机械加工质量分析与控制，及技术服务等工作。

4. 竞赛平台成熟

竞赛平台依据机电设备类中等职业学校相关专业教学标准，紧密结合行业和企业需求，操作技能对接国家职业标准，贴合企业实际岗位能力要求；由多种机电模块和部件组成，可完成机电设备安装与调整、电气设计与线路连接、PLC和触摸屏程序编写、机电联调、装配精度检测等典型工作任务。竞赛设备把机械装配和电气控制系统有效融合，可以满足日常实训教学，设备研发出来后，受到广大院校的一致好评，即竞赛平台成熟。

三、赛项方案的特色与创新点

竞赛内容以实际工作任务为载体，根据工作任务开展过程的特点划分实施环节，分电器安装与电路连接、机械部件的装配与调整，机电设备的程序编写与参数设置，机械设备的精度检测，机械设备的调试、运行及试加工等工作过程，再现典型机电设备电气控制及机械装配与调整的学习领域情境，着重培养学生对机电设备的机械装调、电器安装接线、程序编写与参数设置、机电联调、机械设备的精度检测，机械设备的调试、运行及试加工等综合能力。

竞赛过程是依据工业现场典型工作场景设置的，将竞赛过程与工作过程对接，将理论知识融合到实际操作中去，达到"理实一体化"；竞赛评分细则依据国家相关规范与标准制定，以行业、企业要求为参考。

在竞赛结果评判方面，严格按照《全国职业院校技能大赛专家和裁判工作管理办法》的规定组成裁判队伍，并进行培训和考核；严格按照《全国职业院校技能大赛成绩管理办法》的规定和基本流程；按照《全国职业院校技能大赛专家和裁判工作管理办法》和《全国职业院校技能大赛成绩管理办法》规定的工作流程和评判方法进行竞赛结果的评判。

在原有竞赛资源转化的基础上，组织行业专家、教师、企业工程师共同开发"机电设备安装与维护仿真训练软件"，采用虚拟与现实相结合的方式，让全国更多职业学校学生了解和参与掌握赛项的竞赛内容、竞赛要求和考核要点。

四、竞赛内容简介

竞赛将机械装配和电气控制有效融合，赛项通过完成机械识图、工艺编写和部件的装配、调整与精度检测及电气控制系统的电路连接、控制程序编写、参数设置、故障排除等典型工作任务，检验参赛选手机电设备装配和电气控制方面的综合职业技能。

1. 机械识图与装配工艺的编写

读懂机电设备的工作原理、装配关系和技术要求等内容，编写装配工艺。

2. 机电设备装调对象的装配与调整

按照正确的装配工艺要求，合理选用工具、量具，完成机电设备装调对象的装配与调整等工作。

3. 电器安装与电路连接

完成机电设备电气控制系统的器件安装和电路连接。

4. 机电设备的程序编写与参数设置

完成 PLC、触摸屏程序的编写、下载与调试，调整传感器、变频器及各驱动器的参数。

5. 机械设备的精度检测

完成机电设备装配过程及装配完成后的精度检测。

6. 机电设备的调试、运行及试加工

调试运行机械设备，达到规定的工作要求和技术要求，并进行机电设备的试加工。

五、评分细则（表 A-1）

表 A-1　评分细则

一级指标	比例	二级指标	比例	三级指标	比例
机械部件的装配与调整部分	35%	1. 机电设备图样识读与装配工艺过程的编写	5%	1. 图样阅读,题目问题	2%
				2. 装配工艺编写合理规范	3%
		2. 机电设备装调对象的装配与调整	22%	1. 自定位送料装置装配与调整	6%
				2. 工件夹紧、旋转、分度定位装置装配与调整	5%
				3. 铣床动力头部件	3%
				4. 自动倒角机	3%
				5. 自动锁螺丝机	5%
		3. 装配精度检测	8%	1. 各模块零部件之间的精度调整	4%
				2. 模块与模块之间的精度调整	4%
电气控制系统安装调试部分	35%	1. 电器安装与电路连接	5%	1. 电器安装	1%
				2. 电路连接	3%
				3. 号码管、接线、走线工艺	1%
		2. 参数设置	8%	1. 变频器参数设置	2%
				2. 步进电动机驱动器参数设置	2%
				3. 伺服驱动器参数设置	2%
				4. 各传感器参数设置	2%

（续）

一级指标	比例	二级指标	比例	三级指标	比例
电气控制系统安装调试部分	35%	3. 触摸屏工程编写与下载	8%	1. 状态显示界面	5%
				2. 电动机状态界面	3%
		4. PLC 程序编写与下载	14%	1. 手/自动状态切换功能	2%
				2. 超行程保护	2%
				3. 与触摸屏联机	2%
				4. 程序符合图样加工要求和工序要求	8%
机电设备整机运行、调试部分	20%	1. 机电设备的机、电联调及故障排除	8%	1. 机、电联调	5%
				2. 机械和电气故障排除	3%
		2. 机电设备的运行与试加工	12%	1. 设备空运行符合要求	3%
				2. 工件加工符合图样要求和加工工艺要求	9%
综合素质	10%	1. 设备操作规范性			2%
		2. 材料利用效率，接线及材料损耗			2%
		3. 工具、量具使用情况			2%
		4. 竞赛现场安全、文明生产			2%
		5. 团队分工协作情况			2%
总计		100%			

六、技术规范

1. 竞赛标准

按照《机械设备安装工国家职业标准》《装配钳工国家职业标准》《机修钳工国家职业标准》《维修电工国家职业标准》和《电气设备安装工国家职业标准》中规定的国家职业资格高级工、技师的相关知识与技能要求实施。

2. 职业素养

1）敬业爱岗，忠于职守，严于律己，刻苦钻研。

2）勤于学习，善于思考，勇于探索，敏于创新。

3）认真负责，吃苦耐劳，团结协作，精益求精。

4）遵守操作规程，安全、文明生产。

5）着装规范整洁，爱护设备，保持工作环境清洁有序。

3. 国家职业标准

1）装配钳工国家职业标准（职业编码6-05-02-01）。

2）维修电工国家职业标准（职业编码6-07-06-05）。

3）工具钳工国家职业标准（职业编码6-05-02-02）。

4）机修钳工国家职业标准（职业编码6-06-01-01）。

5）机械设备安装工国家职业标准（职业编码6-23-10-01）。

6）制图员国家职业标准（职业编码3-01-02-06）。

7）电气设备安装工国家职业标准（职业编码6-23-10-02）。

4. 相关知识、技能、标准

满足中职制造类等相关专业所规定的教学内容中涉及现代机械制造技术、机械制图、机械基础、机械设计基础、先进制造技术、电工电子技术、自动检测技术、PLC 技术应用、机电设备控制技术、可编程序控制器、自动控制系统技术、设备电气控制与维修技术、传感器技术、变频调速技术、低压电气控制技术、机电设备运行与控制技术等方面的知识和技能要求。

1）GB 21746—2008《教学仪器设备安全要求总则》。

2）GB/T 21747—2008《教学实验室设备实验台（桌）的安全要求及试验方法》。

3）GB 16917.1—2003/XG1—2010《家用和类似用途的带过电流保护的剩余电流动作断路器（RCB0）第 1 部分：一般规则》国家标准第 1 号修改单。

4）GB 4793.1—2007《测量、控制和实验室用电气设备的安全要求　第 1 部分：通用要求》。

5）GB 4793.2—2008《测量、控制和实验室用电气设备的安全要求　第 2 部分：电工测量和试验用手持和手操电流传感器的特殊要求》。

6）GB/T 5465.2—2008《电气设备用图形符号　第 2 部分：图形符号》。

7）GB 5226.1—2008《机械电气安全　机械电气设备　第 1 部分：通用技术条件》。

8）GB/T 10088—1988《圆柱蜗杆模数和直径》。

9）GB/T 3852—2008《联轴器轴孔和联结型式与尺寸》。

10）GB/T 10614—2008《芯型弹性联轴器》。

11）RCB/T 193—2003《普通螺纹　直径与螺距系列》。

12）GB/T 1096—2003《普通型　平键》。

13）GB/T 5868—2003《滚动轴承　安装尺寸》。

14）GB/T 1357—2008《通用机械和重型机械用圆柱齿轮　模数》。

七、建议使用的比赛器材、技术平台和场地要求

1. 比赛器材

建议比赛使用浙江天煌科技实业有限公司研发的"THMDZW-2 型机电设备安装与维修综合实训平台"，工具、量具、耗材统一提供。

2. 技术平台组成

该装置主要由实训台、电气控制柜（包括电源控制模块、可编程序控制器模块、变频器模块、触摸屏模块、步进电动机驱动器模块、伺服电动机驱动器模块和直流电动机驱动器模块等）、动力源（包括三相交流电动机、步进电动机、交流伺服电动机、直流电动机等）、机械传动机构、自定位送料装置、工件夹紧旋转分度定位装置、车削部件、铣削动力头部件、自动倒角机、自动锁螺丝机、装调工具、常用量具、操作台、型材电脑桌等组成。

（1）装置基本配置（表 A-2）

表 A-2　装置基本配置

序号	名称	型号及规格	数量	备注
1	实训台	1400mm×700mm×880mm	1 台	
2	电气控制柜	800mm×600mm×1800mm	1 台	
3	电源控制模块	提供三相交流电源和直流 24V 电源	1 套	
4	可编程序控制器模块	西门子 S7-200 SMART CPUST40	1 套	两种品牌
5		三菱 FX3U-48MTES/A	1 套	选择 1 种
6	触摸屏模块	西门子 7in,TFT 真彩,65k 色	1 套	
7	驱动器模块	旋钮开关、步进电动机驱动器、伺服电动机驱动器、隔离变压器(380V/220V)、三菱变频器、直流电动机驱动器	1 套	

（续）

序号	名称	型号及规格	数量	备注
8	机械传动机构	主要包含带传动、齿轮传动、蜗杆传动等典型传动机构	1套	
9	自定位送料装置	主要由滚珠丝杠螺母副、直线导轨和滑块、工作台面、轴承、轴承座、端盖、垫块等组成	1套	
10	工件夹紧旋转分度定位装置	主要由旋转轴、箱体、工件夹紧装置、分度定位装置、轴承、轴承座、端盖等组成	1套	
11	车削部件	主要由支架、工业用电动刀架、刀具等组成	1套	
12	铣削动力头部件	主要由燕尾槽滑动板、燕尾槽间隙调节机构、动力机构、箱体、轴承、轴承座、端盖等组成	1套	
13	自动倒角机	主要由主轴、倒角大小调节机构、倒角刀具、轴承、支座、端盖等组成	1套	
14	自动锁螺丝机	主要由上料旋转机构、物料运输单元、物料分拣单元、物料定位单元、箱体、轴承、支座、端盖等组成	1套	
15	操作台	外形尺寸：900mm×700mm×1500mm	1张	
16	型材电脑桌	外形尺寸：600mm×560mm×1065mm	1张	

（2）工具、量具配置（表A-3）

表A-3　工具、量具配置

序号	类别	名称	名称、型号及规格	数量	备注
1	机械装配用工具、量具	扳手	呆扳手14~17，开口梅花组合扳手7、17，内六角扳手、活扳手150mm、250mm，圆螺母扳手M14、M16、M22、M27，钻夹头扳手	各1把	
2		卡尺	游标卡尺：0~300mm，游标深度卡尺：0~200mm	各1把	
3		百分表	杠杆式百分表：测量范围为0~0.8mm，分度值为0.01mm；百分表：测量范围为0~10mm	各1套	
4		千分尺	测量范围：0~25mm	1把	
5		塞尺	测量范围：0.02~1.00mm	1把	
6	电气控制系统用工具、量具	电工工具套件	含数字式万用表（VC890D）、剥线钳、尖嘴钳、斜口钳、螺钉旋具、锤子、剪刀、电烙铁、焊锡丝等	1套	

3. 场地要求

1）竞赛场地光线充足，照明良好；供电供水设施正常且安全有保障；场地整洁；每个赛位占地不小于10m²（4m×2.5m），场地净高不低于3m，且标明赛位号，布置"THM-DZW-2型机电设备安装与维修综合实训平台"1套（含配套工具、量具、图纸等）、实训台及工作准备台各1张；每个竞赛赛位提供380V、220V交流电源，提供独立的电源保护装置和安全保护措施。

2）竞赛场地设置隔离带，非裁判员、参赛选手、工作人员不得进入比赛场地；竞赛场地划分为检录区、竞赛操作区、现场服务与技术支持区、休息区、观摩通道等区域，区域之间有明显标志或警示带；标明消防器材、安全通道、洗手间等位置。

3）赛场设有保安、公安、消防、医疗、设备维修和电力抢险人员待命，以防突发事件；赛场还应设有生活补给站等公共服务设施，为选手和赛场人员提供服务。

4）赛场设置安全通道和警戒线，确保进入赛场的大赛参观、采访、视察的人员限定在安全区域内活动，以保证大赛安全有序进行。

"通用机电设备安装与维护"赛项竞赛样题
（中职组）

（总时间：240min）

任

务

书

一、注意事项

1）选手应将编写的触摸屏工程和 PLC 程序分别保存在"E：\2015 通用机电设备安装与维护\工位号\触摸屏工程""E：\2015 通用机电设备安装与维护 \工位号\ PLC 程序"文件夹下。

2）选手的试卷用工位号标识，考试完成后收回。

3）不准携带移动存储器材，不准携带手机等通信工具，违者取消竞赛资格。

4）比赛中如出现下列情况时另行扣分：

① 调试过程中设备各部件之间发生严重撞击，影响运行，扣 10 分。

② 选手认定器件有故障可提出更换，经裁判测定器件完好时每次扣 5 分，器件确实损坏每更换一次补时 3min。

③由于错误接线等原因引起 PLC、伺服电动机及驱动器、变频器和直流电源损坏，取消竞赛资格。

5）任务书中需裁判确认的部分，参赛选手须先举手示意，由选手及裁判签字确认后有效。

6）记录附表中数据用黑色水笔填写，表中数据文字涂改后无效。

二、需要完成的工作任务（请在 240min 内完成如下工作任务）

1）根据赛场提供的总装图和部装图，完成机电设备机械部件的装配与调整，并保证装配精度。

2）根据提供的电气控制原理图（PLC 的 I/O 连接图、PLC 外围电气图等），完成电路连接。

3）根据控制要求，编写部分 PLC 程序，编写或修改触摸屏程序，调整传感器、变频器及各驱动器的参数。

4）调试运行机电设备，达到规定的工作要求和技术要求。

三、具体任务及要求

任务一　自定位送料装置装配与调整

根据自定位送料装置部装图和赛场提供的零部件，完成自定位送料装置的装配与调整，使自定位送料装置的导轨、丝杠等达到一定的技术要求。

1）粗调靠近中滑板基准面 B 侧（磨削面）直线导轨 2 与中滑板基准面 B 的平行度。

2）细调直线导轨 2 与中滑板基准面 B 的平行度误差≤0.02mm。自检合格后，把检测数据填写在评分记录表中。

3）以"要求 2"中的直线导轨 2 为基准，粗调另一根直线导轨 2 与"要求 2"中的直线导轨 2 的平行度，再细调两根直线导轨的平行度，使两根直线导轨的平行度误差≤0.02mm，自检合格后，把检测数据填写在评分记录表中。

4）调整中立板上直线导轨 2 与底板上直线导轨 1 的垂直度误差≤0.03mm。自检合格后，把检测数据填写在评分记录表中。

5）调整轴承座调整垫片及轴承座 1 使丝杠 2 两端等高，要求丝杠 2 两端的等高误差 ≤ 0.05mm，调整丝杠 2，轴线位于两直线导轨 2 的对称中心且误差 ≤ 0.04mm，并测量与其中一根直线导轨的平行度误差 ≤ 0.03mm。自检合格后，把检测数据填写在评分记录表中。

6）调整螺母支座与上滑板之间的垫片，用手轮转动丝杠，上滑板移动平稳灵活。

7）装置按自定位送料装置部装图装配完全后，应反复多次检验装置的重复定位精度。

任务二　　工件夹紧、旋转、分度定位装置装配与调整

根据工件夹紧、旋转、分度定位装置部装图和赛场提供的零部件，完成工件夹紧、旋转、分度定位装置未装配好部分的装配与调整，使工件夹紧、旋转、分度定位装置达到正常运转和加工功能。

1）调整装置主轴轴端的卡盘定位面跳动误差 ≤ 0.02mm，把检测数据填写在评分记录表中。

2）调整装置主轴的轴向窜动和径向圆跳动，使主轴的轴向窜动和径向圆跳动误差 ≤ 0.02mm，把检测数据填写在评分记录表中。

3）调整回转刀架移动对主轴轴线的垂直度误差 ≤ 0.02mm 和对主轴轴线运动平行度误差 ≤ 0.02mm，把检测数据填写在评分记录表中。

4）装配调整好主轴后，调整安装工件夹具，调整工件夹具与主轴同轴固定牢靠。

5）调整两同步带轮端面共面误差 ≤ 0.05mm，并调整同步带合适的张紧度，把检测数据填写在评分记录表中。

6）按工件夹紧、旋转、分度定位装置部装图，把工件夹紧、旋转、分度定位装置装配完全。

任务三　　铣床动力头部件装配与调整

根据铣床动力头部件装配图和赛场提供的零部件，完成铣床动力头部件的装配与调整，使铣床动力头部件达到正常运转和加工功能。

1）调整铣床动力头主轴的轴向窜动和远端径向圆跳动，使主轴的轴向窜动和远端径向圆跳动误差 ≤ 0.02mm，把检测数据填写在评分记录表中。

2）调整铣床动力头主轴与自定位送料装置上层工作台面（X、Y 两个方向）的垂直度误差 ≤ 0.02mm，把检测数据填写在评分记录表中。

3）燕尾导轨相对于自定位送料装置端面水平面内的垂直度误差 ≤ 0.04mm，把检测数据填写在评分记录表中。

4）用正确方法测出燕尾槽尺寸，并计算出间隙误差。调整塞铁，燕尾配合的单边间隙在 0.01 ~ 0.03mm 以内，把检测数据填写在评分记录表中。

5）调整铣床动力头主轴与工件夹紧、旋转、分度定位装置主轴的同轴度误差 ≤ 0.02mm，把检测数据填写在评分记录表中。

6）按铣床动力头部件装配图，把铣床动力头部件装配完全。

任务四　　自动倒角机和自动锁螺丝机装配与调整

根据自动倒角机装配图、自动锁螺丝机装配图和赛场提供的零部件完成自动倒角机和自动锁螺丝机的装配与调整，使自动倒角机和自动锁螺丝机达到正常运转和加工功能。

1）完成自动锁螺丝机装配工艺过程的编写，根据装配工艺卡完成自动锁螺丝机的装配与调试。

2）调整自动倒角机主轴与自定位送料装置上层工作台面（X、Y 两个方向）的垂直度误差 ≤0.02mm，把检测数据填写在评分记录表中。

3）调整蜗杆轴的轴向窜动误差 ≤0.02mm，蜗轮与蜗杆的齿侧间隙 x 在 0.03～0.08mm 范围内，把检测数据填写在评分记录表中。

4）按自动倒角机装配图和自动锁螺丝机装配图，把自动倒角机和自动锁螺丝机装配完全。

任务五　　电气控制电路连接

根据赛场提供的电气原理图、PLC 的 I/O 分配表，完成机械设备未完成的线路连接等工作，使设备的各种元器件（传感器、透明继电器等）能正常工作，达到设备正常运转的通电要求。

1）接线符合工艺要求，凡是连接的导线，必须压接接线头（插针）、套上赛场提供的号码管，实物编号和接线图编号要一致。

2）设备上各接触器线圈、电动机、指示灯、PLC、变频器等元器件的连接线，必须放入线槽内，外露部分走线整齐，信号线与强电线应分开走线，防止干扰。

3）接线完毕参赛选手应举手示意，经裁判和现场技术支持人员检查后方可通电。

任务六　　变频器、伺服电动机驱动器和步进电动机驱动器参数设置

根据赛场提供的资料《FR-E700 使用手册》《东元伺服 TSTE 手册（中文）》和《M542 驱动器使用手册》，完成变频器、伺服电动机驱动器和步进电动机驱动器相关参数的设定工作，使设备能正常运转。

1）赛场提供的资料《FR-E700 使用手册》《东元伺服 TSTE 手册（中文）》和《M542 驱动器使用手册》在计算机 D 盘的"通用机电设备安装与维护 参考资料"文件夹下。

2）变频器参数设置要求：变频器加减速斜坡时间设置为 0s，通过变频器 STF 端子起动变频器、RM、RL 脚对变频器进行两段调速控制。其中中速为 25Hz，低速要求为 10Hz。

3）伺服驱动器参数设置要求：①伺服驱动器设为位置控制模式。②伺服上电马上起动伺服。③脉冲命令形式：脉冲 + 方向；脉冲命令逻辑：正逻辑。④电子齿轮比分子 1 设为 3。

4）步进驱动器参数设置要求：步进电动机要求工作电流为 3A，细分值为 8000。

任务七　触摸屏工程设计

根据客户要求，需在系统工程中添加和设计"状态显示界面"和"电动机状态界面"的相应功能，请依照赛场提供的"E：\2015 通用机电设备安装与维护 \工位号\触摸屏工程"文件夹下《触摸屏工程》、触摸屏变量表、软件和功能要求，设计及制作该触摸屏工程，并保存在计算机中。

客户要求实现以下功能：

1. 在"状态显示界面"下的要求

1）按下退出系统" 退出系统 "按钮能使本界面退出本系统工程界面。

2）按下电动机状态界面" 电动机状态界面 "按钮能使本界面切换到电动机状态界面。

3）按下返回" 返回 "按钮能使本界面返回到待机界面。

4）按下开始" 开始 "、停止" 停止 "和复位" 复位 "按钮可以控制实训对象的开始、停止和复位操作，且对应的指示灯均有相应变换。

5）工位显示窗口：实时显示加工位置。

6）根据提供的变量表添加触摸屏配套的控制变量，实现上述功能。

2. 在"电动机状态界面"下的要求

1）按下返回" 返回 "按钮能使本界面返回状态显示界面。

2）电动机运行状态指示灯，电动机在哪个状态下对应那个指示灯由红色变为绿色。

3）根据提供的变量表添加触摸屏配套的控制变量，实现上述功能。

任务八　PLC 程序设计

根据机械设备的工作原理及以下具体要求和赛场提供的资料，设计编写 PLC 控制程序，并保存在"E：\2015 通用机电设备安装与维护 \工位号\ PLC 程序"文件夹下。通过设备的试运行来验证 PLC 程序。验证好设计编写的 PLC 程序后，把程序下载到设备里，进行联机调试，并保证设备能正常运转，达到机械设备的预期效果。

1）某加工厂收到一批加工图样，其中有一张图样（附图 B-1）需用此设备加工，其中 M24 的螺纹需用车削加工，$\phi 10mm \times 5mm$ 的圆用铣削加工，$14mm \times 14mm \times 5mm$ 的方形用铣削加工，倒角 $C1.5$ 用倒角机加工，M24 螺母用自动锁螺丝机锁紧。

2）根据加工工艺要求编写 PLC 控制程序，设备运行操作由西门子 Smart700 触摸屏控制。

3）PLC 程序的控制要求：

① 设计编写的 PLC 程序有手/自动状态切换功能，在自动状态下或手动状态下所有机械部件上的电动机都要有超行程保护。

② 控制程序具有手/自动状态切换以及"开始""停止""复位"功能。

③ PLC 程序应有自动保护功能。

④ 将编写好的 PLC 程序下载到 PLC 中，经裁判员检查无误后方可以通电运行验证。

任务九　设备联机总调试

根据机械设备的工作原理及电气控制要求结束以上八个任务后，选手举手示意裁判，在裁判员到场的情况下进行设备联机调试、运行与加工等。

1）必须保证以上八个任务已全部完成且无安全问题后，向裁判员索要零件加工原材料。

2）把已装配调试好的设备上所有的刀具取掉，在无刀具的情况下运行已装配好和接好线的设备，保证设备能正常运转，按要求模拟加工正确，加工顺序流程规范（图 B-1）。

3）调试设备无误后，装上所有刀具，运行加工零件，保证加工出的零件尺寸与图样尺寸位置、精度要求等一致。

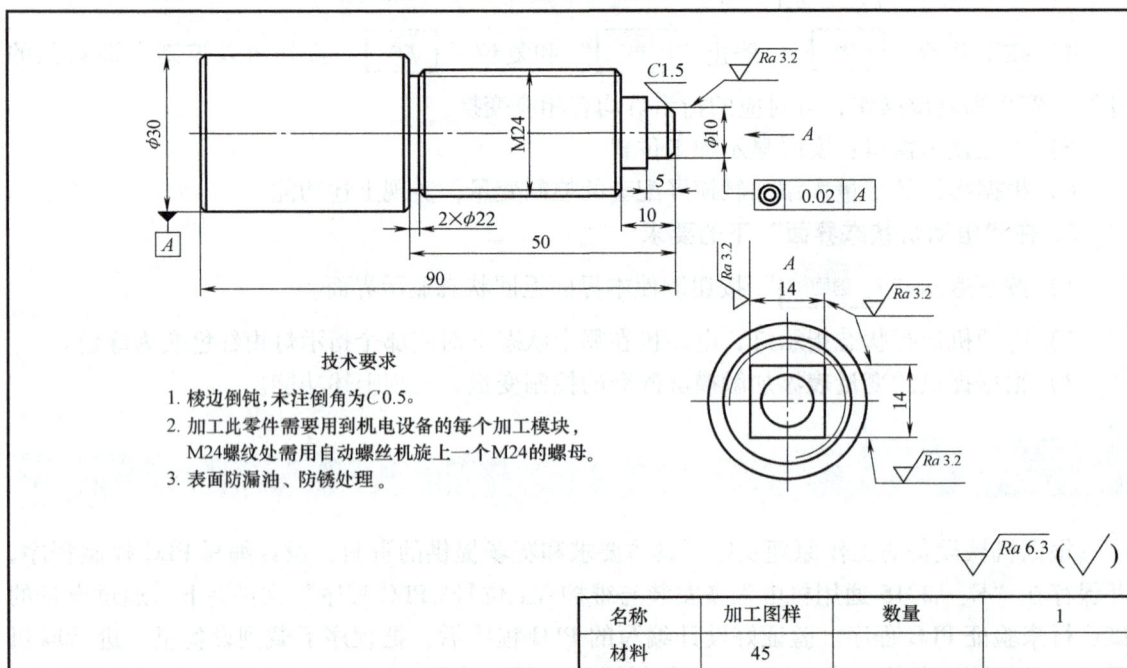

技术要求

1. 棱边倒钝，未注倒角为 C0.5。
2. 加工此零件需要用到机电设备的每个加工模块，M24 螺纹处需用自动螺丝机旋上一个 M24 的螺母。
3. 表面防漏油、防锈处理。

名称	加工图样	数量	1
材料	45		

图 B-1　零件图

参 考 文 献

[1] 郭茜，赵春辉. 机电技术概论 [M]. 北京：清华大学出版社，2013.

[2] 三浦宏文. 机电一体化实用手册 [M]. 赵文珍，等译. 北京：科学出版社，2001.

[3] 武藤一夫. 机电一体化 [M]. 王益全，滕永红，于慎波，译. 北京：科学出版社，2007.

[4] 黄象珊，吕国安，谢颂京. 机电产品基础 [M]. 北京：机械工业出版社，2013.

[5] 邵泽强. 机电一体化概论 [M]. 北京：机械工业出版社，2010.

[6] 杨雨松，等. 泵维护与检修 [M]. 北京：化学工业出版社，2012.

[7] 毛正孝. 泵与风机 [M]. 北京：中国电力出版社，2007.

[8] 吴先文. 机电设备维修技术 [M]. 北京：机械工业出版社，2009.

[9] 高志坚. 设备管理 [M]. 北京：机械工业出版社，2002.

[10] 陈恳，等. 机器人技术与应用 [M]. 北京：清华大学出版社，2006.

[11] 丁加军，盛靖琪. 自动机与自动线 [M]. 北京：机械工业出版社，2005.

[12] 郑祖斌. 通用机械设备 [M]. 北京：机械工业出版社，2004.

[13] 周宗明，吴东平. 机电设备故障诊断与维修 [M]. 北京：科学出版社，2009.

[14] 陈家盛. 电梯结构原理及安装维修 [M]. 北京：机械工业出版社，2005.

[15] 纪宏. 起重与运输机械 [M]. 北京：冶金工业出版社，2012.

[16] 谭有广. 设备电气控制及维修 [M]. 北京：机械工业出版社，2004.

[17] 窦金平，周广. 通用机械设备 [M]. 北京：北京理工大学出版社，2011.